《灵武东部台地环境地质问题分析与研究》编委会

LINGWU DONGBU TAIDI
HUANJING DIZHI WENTI FENXI YU YANJIU

灵武东部台地
环境地质问题分析与研究

张一冰　韩强强　童彦钊／主编

黄河出版传媒集团
阳光出版社

图书在版编目（CIP）数据

灵武东部台地环境地质问题分析与研究 / 张一冰，
韩强强，童彦钊主编. -- 银川：阳光出版社，2022.11
ISBN 978-7-5525-6613-0

Ⅰ.①灵… Ⅱ.①张…②韩…③童… Ⅲ.①地台–
环境地质学–研究–灵武 Ⅳ.①X141

中国版本图书馆CIP数据核字（2022）第242844号

灵武东部台地环境地质问题分析与研究　　　张一冰　韩强强　童彦钊　主编

责任编辑　胡　鹏
封面设计　晨　皓
责任印制　岳建宁

黄河出版传媒集团
阳　光　出　版　社　出版发行

出 版 人　薛文斌
地　　址　宁夏银川市北京东路139号出版大厦（750001）
网　　址　http://www.ygchbs.com
网上书店　http://shop129132959.taobao.com
电子信箱　yangguangchubanshe@163.com
邮购电话　0951-5014139
经　　销　全国新华书店
印刷装订　宁夏凤鸣彩印广告有限公司
印刷委托书号　（宁）0024890

开　　本　787mm×1092mm　1/32
印　　张　5
字　　数　120千字
版　　次　2022年11月第1版
印　　次　2022年11月第1次印刷
书　　号　ISBN 978-7-5525-6613-0
定　　价　98.00元

宁夏水文地质环境地质勘察创新团队简介

　　"宁夏水文地质环境地质勘察创新团队"（以下简称"团队"），是由宁夏回族自治区人民政府于2014年8月2日批准成立。专业从事水文地质调查、供水勘察示范、环境地质调查、地质灾害调查、地热资源勘察、矿山环境治理等领域研究，通过不断加强科技创新能力建设，广泛开展政产学研用结合，攻坚克难，在勘察找水、水资源评价、生态环境调查评价与环境评估治理等方面取得了一系列重大成果。团队集中了宁夏地质局系统60余位水工环地质领域科技骨干，依托地质局院士工作站、博士后科研工作站、中国地质大学（北京、武汉）产学研基地以及"五大业务中心"等科研平台，结合物化探、实验检测、高分遥感测绘等新技术新方法，较系统地开展了区内外水文地质环境地质勘察领域科技攻关，累计承担国家和宁夏回族自治区各类科技攻关项目30项，获得国家和宁夏回族自治区各类奖励8项，发表科技论文126篇，出版专著8部。经过几年来的努力发展，团队建设日益完善，已形成以团队带头人为核心，以专家为指导，以水工环地质领军人才为主体的综合优秀团队，引领宁夏回族自治区水文地质环境地质工作健康蓬勃发展，持续为宁夏回族自治区民生建设、生态环境建设、城市及重大工程建设、防灾减灾、环境治理与保护提供着有力的科技支撑与资源保障。

目　录

第1章 绪 论

1.1 研究区概况

1.1.1 地理位置及交通位置

研究区域位于宁夏沿黄经济区，属灵武市管辖。地理坐标总体介于北纬38°00′~38°10′，东经106°15′~106°45′，总面积约812 km^2。研究区西部为平原区，交通便利，各城镇与乡村间均有公路或简易公路相通，主要有太中银铁路、福银高速、青银高速、银古高速、211、307国道通过（图1-1）。市内随着环城路的建设，将形成三纵六横的城市道路网络。北部有河东机场，与北京、上海、广州、武汉、成都、西安等十多个城市有定期航班。

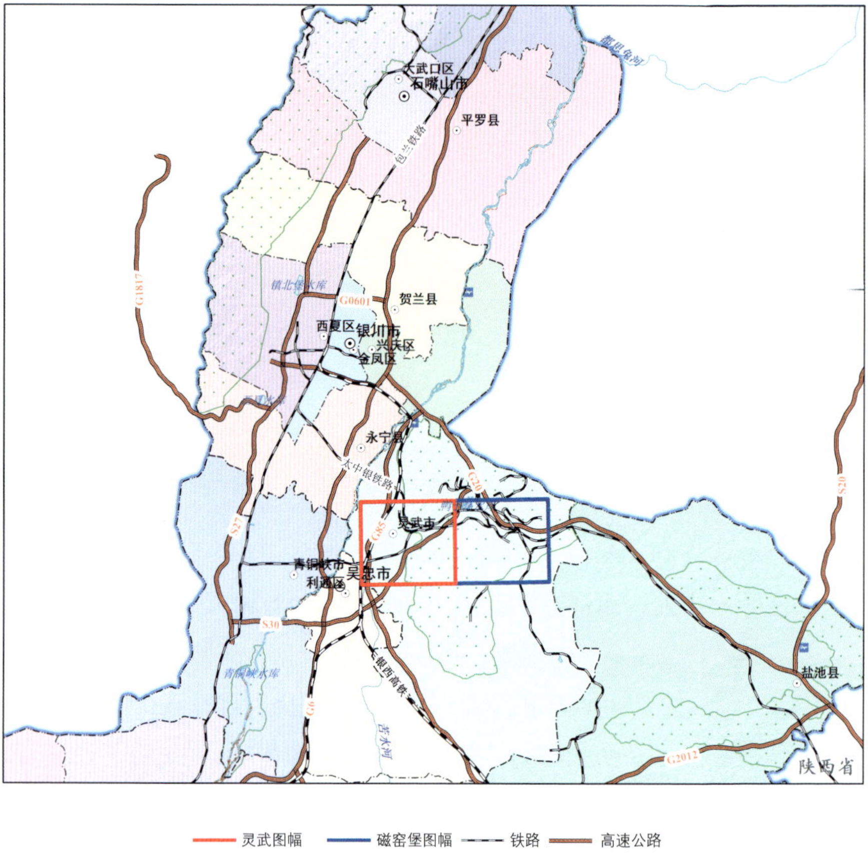

灵武图幅　磁窑堡图幅　- - 铁路　高速公路

图1-1　研究区地理位置及交通位置示意图

1.1.2 地形地貌

（1）地形

研究区东、西部地形对比鲜明，西部属于银川平原，而东部则属于灵盐台地的范畴，两者相对高差250 m左右。西部平原区地形平坦，海拔高程1 115 m左右，总体地势东南高西北低，由于黄河得天独厚之利，使其成为引黄灌区，其上沟渠纵横，良田万顷。东部低山丘陵区，地形起伏较大，海拔高程1 200~1 360 m，由于沟谷侵蚀形成部分山间沟谷，研究区东南部，多为沙地，分布低缓沙丘（图1-2）。

（2）地貌

研究区地貌类型按照区域地貌单元分为平原和台地两类，前者属银川平原区总面积为178 km²，后两者属灵盐台地区，总面积为634 km²，在此基础上平原区进一步划分为Ⅰ级阶地、Ⅱ级阶地及洪积斜平原，东部台地进一步划分为低山丘陵、山地、现代沟及风积沙地。

①冲积平原Ⅰ级阶地

Ⅰ级阶地在研究区西北角，面积较小，约为0.6 km²，岩性多为灰黄色、灰色黏质砂土，砂质黏土夹褐灰色卵砾石层，含砂卵砾石层。

②冲积平原Ⅱ级阶地

Ⅱ级阶地分布面积较广，约为159.6 km²。上部岩性为灰黄色细砂、黏土质粉砂，下部为浅蓝灰色含砾粗砂。该区地形平坦开阔，整体向黄河微倾，地面坡度0.3‰~0.8‰，农田分布较广，渠系发达，湖沼是该地貌单元一大特征。吴灵平原是银川平原引黄灌区的一部分，农田成网。沟渠纵横，交通便利，主要种植水稻、玉米、蔬菜和果树。

③洪积斜平原

洪积斜平原主要呈南北带状分布在山前台地与平原接壤部位，面积约为17.84 km²，向西倾斜，地层岩性主要为粉细砂、细砂及砂砾石组成，地表主要为农田。

④低山丘陵、山地

低山丘陵、山地主要分布在研究区东北部，主要是由三叠系、侏罗系、白垩系及古近系、新近系组成的丘陵山地。三叠系主要为二马营组（T_{2e}）、大风沟组（T_{3d}）及上田组（T_{3s}）砂岩、泥岩等组成；侏罗系主要为富县组（J_{1f}）、延安组（J_{2y}）、直罗组（J_{2z}）及安定组（J_{2a}）砂岩、泥岩组成，部分地层含煤线；白垩系主要为宜君组（K_{1y}）和洛河组（K_{1l}），岩性为浅红色中厚层中—粗砾岩、粗—巨砾岩夹细砾岩，偶夹棕红色、浅黄色透镜状、薄层状含砾泥质砂岩，自北而南砂岩夹层有增多之趋势，未见下层底砾岩；渐新统清水营组（E_{3q}）不整合于下白垩统宜君组之上，岩性底部为橘红色中厚层钙质中砾岩，向上为橘红色、橘黄色厚层粗粒长石石英砂岩、中层钙质中细粒长石石英砂岩夹少量砂砾岩、紫红色泥岩，上部为紫红色泥岩夹橘黄色中层钙质细粒石英砂岩，偶夹蓝灰色钙质泥岩条带。

⑤现代冲沟

现代冲沟主要为山间沟谷，多为短小沟道，规模最大的为大河子沟，呈近东西向延伸，宽100~400 m，切割深度10~30 m，沟底平坦宽阔。

⑥风积沙地

南侧多为荒漠沙丘，地形起伏，多为流动性沙滩地、草丛沙丘、蜂窝状沙丘、沙垅、星月形沙丘等。岩性为中细粒砂、粉砂，碎屑成分主要为石英、长石，少量云母、岩屑，岩性均一。

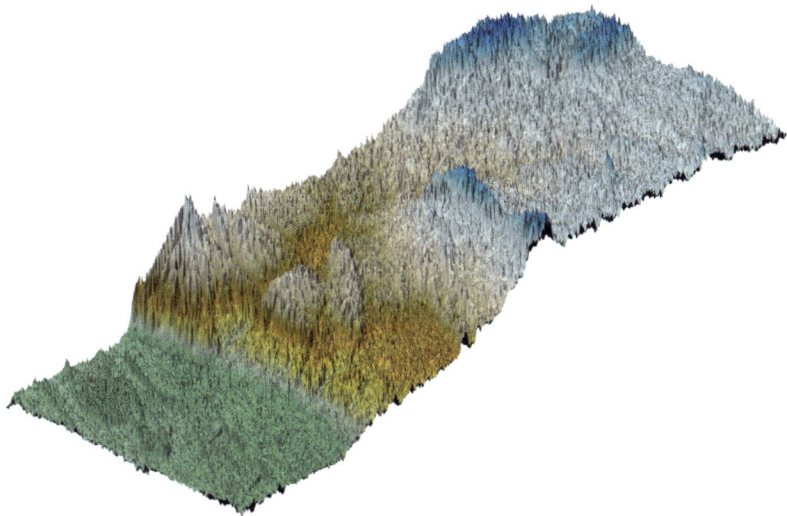

图1-2 研究区地形地貌示意图

1.1.3 气象

研究区属中温带内陆干旱气候区，具有冬寒漫长、夏热短暂、春暖过快、秋凉较早、干旱少雨、蒸发强烈、日照充足、辐射较强的特点。

根据气象局灵武、陶乐等站台资料统计，研究区多年平均气温9.69℃，其中一月份平均气温–7.51℃，为全年最低，七月份平均气温24.40℃，为全年最高。年平均降水量215.59 mm，多集中在

6—9月，占全年降水量的73.55%。年平均蒸发量1 389.77 mm，多集中在4—8月，占全年蒸发量的63.41%。年平均日照时数2 800~3 000 h，是中国太阳辐射和日照时数最多的地区之一。无霜期185 d左右。多年平均风速1.7~4.3 m/s，定时最大风速可达34 m/s；一般最大风力5~7级（表1-1、图1-3）。

表 1-1　磁窑堡气象要素多年月平均值（2000—2019）统计表

月份	气温（℃）	降雨量（mm）	蒸发量（mm）
1	−7.51	1.49	32.69
2	−3.00	2.30	58.43
3	4.55	3.70	134.63
4	12.37	9.94	150.97
5	18.09	20.22	191.17
6	22.55	33.76	195.45
7	24.40	46.43	190.33
8	22.41	41.30	153.38
9	16.79	37.08	103.65
10	9.85	13.81	82.00
11	1.49	4.80	61.32
12	−5.68	0.76	35.75
平均或合计	9.69（平均）	215.59（合计）	1389.77（合计）

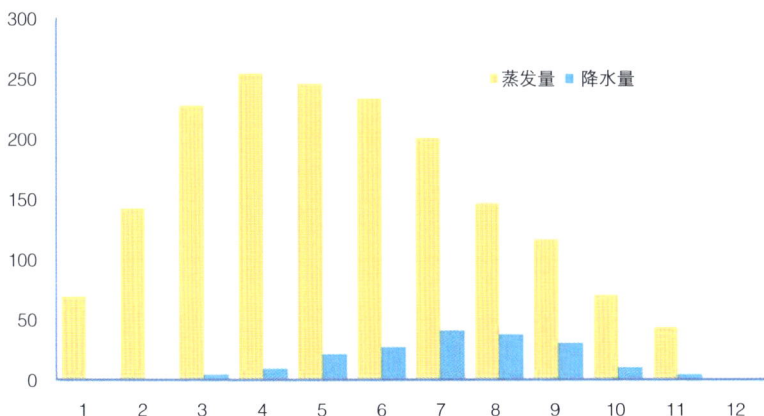

图1-3 灵武市气象要素图（2000—2019）

研究区不同年份的降水量差异较大，根据2000年—2019年气象资料显示，年最大降水量为322.4 mm（2008年），年最小降水量为80.4 mm（2010年），前者为后者的4倍多，年最小降水量不到年平均降水量的二分之一。

分析可知，多年的气温与蒸发量呈现出明显的正相关性，气温高蒸发强烈，反之相反，降水量变化总体上受气温的控制，并呈相反的分布趋势，即暖期对应少雨年份，冷期对应多雨年份。

1.1.4 水文

研究区西邻黄河，属黄河流域，黄河多年平均径流量266亿 m³。丰水期多年平均最大流量为3 440~3 570 m³/s，枯水期流量为300~400 m³/s，最小流量为100 m³/s。区内常年性地表径流仅大河子沟。大河子沟发源于磁窑堡西，于临河以南注入黄河。全长65 km，流域面积810 km²，多年平均径流量226万 m³，该沟在中下游沟段形成地表水流，并在旗眼山建水库一座，库容1 290 m³。其中旗眼山水库位于宁夏灵武市大河子沟下游，据收集资料可知，水库始建于1978年12月，1979年建成，控制流域面积848 km²，原设计总库容1 090万 m³，为均质土坝，设计坝高20.6 m，坝长774 m，顶宽7 m，属中型水库。旗眼山水库是灵武市防洪的重点工程，保护着灵武市以北两乡镇、一个农场、一个林场以及北门工业区，总面积32.2 km²，同时保护着秦渠、东沟、307国道、银灵公路、天然气管道、光缆线路等水利、交通、工业、信息设施，对于保证灵武市人民经济财产具有重要意义（图1-4）。

1.1.5 植被

植被的生长与气候、地形、土壤、地下水等自然条件和人为活动因素密切相关，因而其分布具有明显的地域性。研究区内植被主要以草甸植被为主，此外还有荒漠草原植被及沙生植被。

（1）草甸植被

草甸植被主要分布在西部平原区引黄灌区，当地地下水位埋藏浅，土壤无明显盐渍化，适宜农业生产，草甸植被生长茂盛。

（2）荒漠草原植被

主要分布在研究区东北部的低山丘陵地区，气候干旱，地下水位埋藏深，土壤有机质少，主要生长耐旱的荒漠草原植被。

（3）沙生植被

在流动的干燥沙丘上很少有植被生长，沙生植物主要分布在湿润的沙丘、丘间洼地及平铺沙地上。

图1-4　研究区水系分布图（来源：作者自绘）

1.2 环境地质背景

1.2.1 地质概况

（1）地层

研究区内综合地层区划属柴达木—华北地层大区华北地层区鄂尔多斯西缘地层分区，以黄河断裂为界可划分为贺兰山地层小区和桌子山—青龙山地层小区。出露地层自老而新为奥陶系、石炭系、二叠系、三叠系、侏罗系、白垩系、古近系、新近系和第四系，其中奥陶系、石炭系、二叠系地表未见出露，为钻孔揭露的地层。

①奥陶系

研究区地表未见奥陶系出露，仅在刘家庄—鸳鸯湖一带井下分布，属中奥陶统克里摩里组。与下伏天景山组和上覆乌拉力克组均为整合接触，时代为中奥陶世达瑞威尔期。

②石炭系

石炭系仅在刘家庄—鸳鸯湖一带井下见有分布，地表未见出露，仅发育上石炭统羊虎沟组，与下伏中奥陶统克里摩里组不整合接触，与上覆太原组整合接触，时代为晚石炭世维斯发期。

③二叠系

地表未见出露，在丁家梁、刘家庄、鸳鸯湖等地井下均有发育。二叠系下统、中统、上统均有发育，层位齐全，岩石地层自下而上划分为太原组、山西组、下石盒子组、上石盒子组和孙家沟组。

④三叠系

三叠系分布广泛，主要分布于滴水沟、马跑泉、古窑子、石井子沟等地。发育中统和上统，岩石地层自下而上划分为二马营组、大风沟组和上田组，后二者合称延长群。

⑤侏罗系

广泛分布于灵新井田、羊肠湾井田、梅花井井田、清水营煤矿、京盛煤矿井下，地表多被第四系覆盖。发育下统、中统，岩石地层序列自下而上为下统富县组、中统延安组、直罗组和安定组。

⑥白垩系

白垩系主要出露于灵武市幅的竹家沟、熊家沟、转嘴子沟、滴水沟、花抱湾、十坡梁及宁东镇幅的车路沟、杨家沟、庙山等地。仅出露下白垩统保安群宜君组和洛河组。

⑦古近系

主要出露于灵武砖厂、东湾、岳家沟、麦垛山、欢喜梁、果园砖厂、双疙瘩等地。仅发育渐新统，岩石地层单位称清水营组。

与下伏上二叠统孙家沟组或中—上二叠统上石盒子组不整合接触，未见顶。主要由紫红色泥岩、砂岩组成，为一套干旱气候条件下的河流相—湖泊相岩沉积。未获古生物化石，在与研究区毗连的灵武清水营地区清水营组有古脊椎动物化石，时代为渐新统。

⑧新近系

地表仅出露于灵武市果园砖厂西南，面积不足1 km²。仅有中新统彰恩堡组。

彰恩堡组与下伏渐新统清水营组平行不整合接触，其上也被第四系覆盖，未见顶，岩性自下而上为灰色中厚层砾岩、砂砾岩、橘黄色厚层粗粒长石石英砂岩、浅橘黄色泥质粉砂岩、泥岩，为河湖相沉积。测区未获古生物化石。在邻区彰恩堡组丁家二沟地方有哺乳动物群化石，时代属中新世（通古尔期）。

⑨第四系

研究区第四系十分发育，分布面积约占研究区总面积的二分之一左右。根据岩性岩相、相对新老关系、地貌地形等特征划分为下更新统玉门组、下更新统银川组、中更新统贺兰组、上更新统洪积层、上更新统马兰组、全新统下部灵武组、全新统下部湖积层、全新统下部风积层、全新统上部冲积层、全新统上部湖积层和全新统上部风积层共11种成因类型。

（2）构造

①大地构造位置及构造单元划分

研究区大地构造位置位于柴达木—华北板块（Ⅲ）、华北陆块（Ⅲ5）、鄂尔多斯地块（Ⅲ5^1）、鄂尔多斯西缘中元古代—早古生代裂陷带（Ⅲ5$^{1-1}$），跨银川断陷盆地（Ⅲ5^{1-1-2}）、陶乐—彭阳冲断带（Ⅲ5^{1-1-3}）两个五级构造单元。以黄河断裂为界，以西为银川断陷盆地，以东为陶乐—彭阳冲断带。

②构造层划分

构造层体系划分为长城系—蓟县系构造层、震旦系—奥陶系构造层、石炭系—三叠系构造层、侏罗系构造层、下白垩统构造层、新生界构造层共6个构造层。

③构造变形

a.褶皱

研究区内褶皱比较发育，全为轴向近南北向的背斜、向斜组成，分燕山早期、燕山晚期和喜马拉雅早期三期褶皱，其中前者最为发育。

燕山早期褶皱代表性褶皱有：花豹湾背斜、大力卜井沟向斜、城梁背斜、甜水井向斜、甜水井背斜、鸳鸯湖背斜、猪头岭向斜。

燕山晚期褶皱代表性褶皱有：欢喜梁背斜、马野梁向斜、清水营煤矿背斜。

喜马拉雅早期褶皱代表性褶皱有：高利墩向斜、丁家梁向斜、鸭子荡水库背斜。

b. 断裂

研究区断裂构造比较发育，按总体走向大致分为近南北向、北北东向、北东向和东西向4组。

c. 近南北向断层

由黄河断裂西支正—走滑断层F1、黄河断裂东支正—走滑断层F2、欢喜梁正—走滑断层F9、城梁逆断层F12和磁窑堡东侧逆断层F17组成。

d. 北北东向断层

该组断层规模较小，由机砖厂正断层F3、麦垛山正断层F4、徐家沟西正断层F6、徐家沟正断层F7、红沟正断层F8、马野梁正断层F11等7条走向北北东向正断层组成，断面倾向东，倾角56°~86°，均形成于喜马拉雅期。

e. 北东向断层

该组断层均为推测隐伏断层，性质为正—走滑断层，规模较大。包括甜水河正—走滑断层F14和沙葱沟正—走滑断层F15。

f. 东西向断层

包括国道G307平移断层F10、大河子沟—清水营平移断层F13和灵州砖厂正断层F5。

④新构造运动

a. 新构造运动与地震活动

研究区内地震活动主要有以下两个特征。一是震中成片密集：沿活动断裂呈带状分布，集中分布在灵武—吴忠一线；二是地震活动阶段性：破坏性地震发生的时间空间分布是均匀的，有史记载以来呈两次活动期，目前处在第二次活动期内，并趋于增强之势。

b. 主要活动断层

银川盆地分布着6条第四纪活动断裂，自西向东依次为：三关口—牛首山断层F1、贺兰山东麓断层F2、芦花台隐伏断层F3、银川隐伏断层F4、黄河断层F5、正谊关断层F6，其中黄河断层是该地区地震活动频发的主要地震构造之一，也是测区唯一的主要的活动断层。

1.2.2　水文地质概况

（1）含水系统的划分

根据研究区地下水赋存条件和水力特征，地下水可划分为松散岩类孔隙水、碎屑岩类裂隙孔隙水。在此基础上，以研究区东部黄河大断裂为界线，将研究区地下水划分为两个含水系统，黄河断裂以西为平原区地下水系统，黄河断裂以东为丘陵台地地下水系统。根据含水介质结构、岩相古地理条件及空间分布等特征进一步把丘陵台地地下水系统划分为三个子系统，分别为低山丘陵区地下水系统、风积沙覆盖区地下水系统及沟谷潜水地下水系统。平原区地下水系统则根据不同含水岩组特征划分为潜水、承压水（图1-5）。

（2）含水岩组的划分

平原区与丘陵台地区在地貌单元上有明显的界线，平原区地下水类型为松散岩类孔隙水，在区域上属银川平原的一部分。平原区第四系地层发育良好，厚度较厚。沉积了以中细砂及粉细砂为主的冲湖积松散沉积物，多层含水结构为地下水的赋存和运移提供了良好的空间。平原区0~270 m深度内地层划分为三个含水岩组，从上至下代号为Ⅰ、Ⅱ、Ⅲ。

（3）地下水循环及水化学特征

Ⅰ含水岩组为潜水，主要为垂向补给和侧向径流补给，垂向入渗补给包括大气降水入渗和渠系、田间引黄灌溉入渗补给，而侧向补给是接受东南部荒漠丘陵和东北山区地下水侧向径流、洪水散失入渗补给。该层厚度一般为25~50 m，由北向南逐渐变薄，含水层岩性由细砂及卵砾石组成，水位埋深一般为1.12~5.84 m，地下水水化学类型主要以重碳酸型水、重碳酸硫酸型水为主，地下水水质较好，溶解性总固体含量一般小于2 g/L，富水性较大，出水量一般大于2 000 m³/d（图1-6）。

Ⅱ、Ⅲ含水岩组为承压水。补给主要为侧向径流补给，垂向上第Ⅱ含水岩组在开采条件下接受Ⅰ含水岩组越流补给，地下水流向基本一致，由南东向北西方向径流。富水性好，一般在1 000~3 000 m³/d，在平原区南部和西南部地区富水性大于3 000 m³/d。

丘陵台地区地下水主要补给来源为大气降水经地表沟谷汇集沿裂隙及断裂带渗入补给。基本以大河子沟以北划分出基岩出露

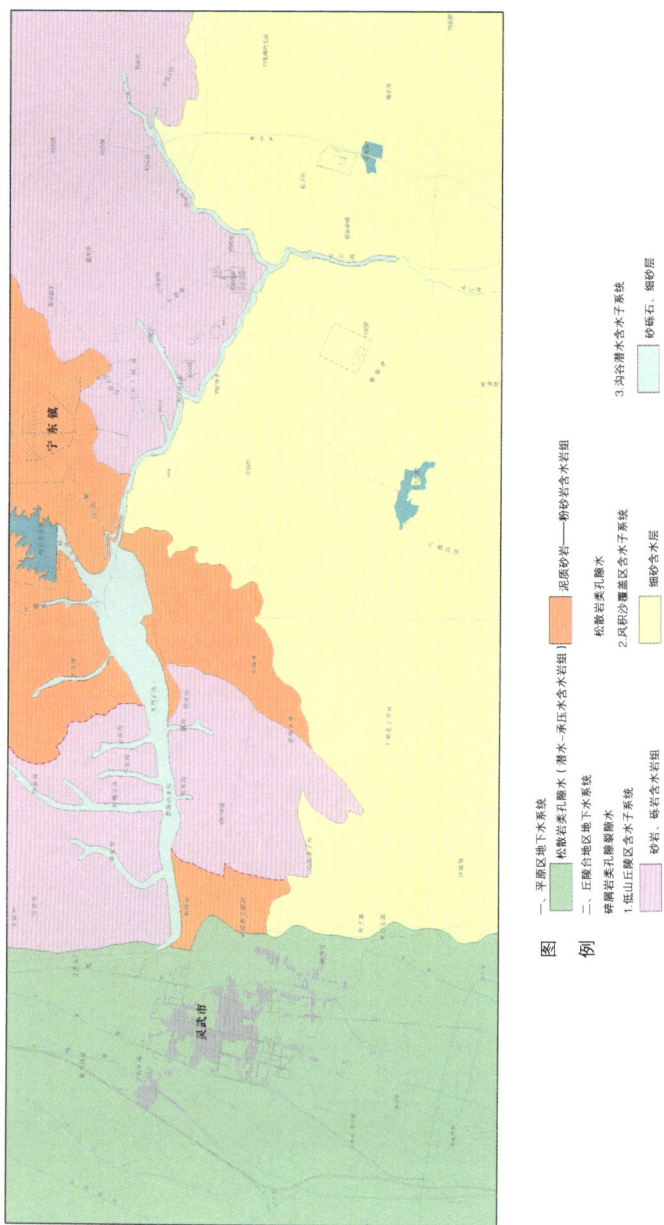

图 例

一、平原区地下水系统

松散岩类孔隙水（潜水-承压水含水岩组）

二、丘陵台地区地下水系统

碎屑岩类孔隙裂隙水

1.低山丘陵区含水子系统

砂岩、砾岩含水岩组

泥质砂岩——粉砂岩含水岩组

松散岩类孔隙水

2.风积沙漫盖区含水子系统

细砂含水层

3.沟谷潜水含水子系统

砂砾石、细砂层

图1-5　研究区地下水系统分区

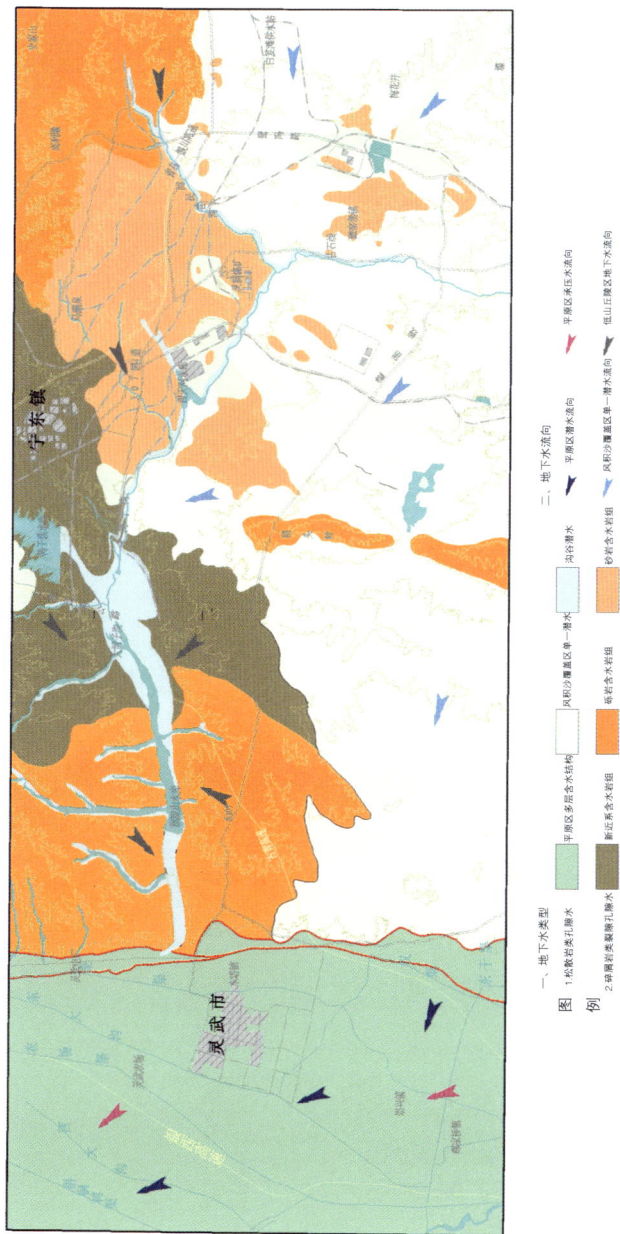

图1-6 研究区地下水流向示意图

图例

一、地下水类型

1.松散岩类孔隙水

2.碎屑岩类裂隙孔隙水

平原区多层含水结构

风积沙覆盖区单一潜水

新近系含水岩组

沟谷潜水

风积沙覆盖区单一潜水

砂岩含水岩组

二、地下水流向

平原区承压水流向

平原区潜水流向

风积沙覆盖区单一潜水流向

低山丘陵区地下水潜水流向

区，为低山丘陵含水子系统，地下水主要以碎屑岩类孔隙裂隙水赋存于新近系、白垩纪宜君组砾岩至三叠纪砂岩中。根据收集钻孔抽水资料，丘陵台地区地下水富水性差，其中低山丘陵含水子系统地下水富水性一般在100~300 m^3/d，局部地段可达589.33 m^3/d。水质较差，地下水水化学类型主要为硫酸氯化物型水，溶解性总固体一般为 > 3 g/L。

在丘陵台地区大河子沟以南，为地形较平缓的风积沙覆盖区含水子系统。该地区为第四纪风积沙、洪积细粒覆盖较厚，地下水以单一潜水赋存于松散细粒层中。地下水的补给主要以大气降水入渗补给为主，地下水动态特征为降水——入渗型。地下水的径流方向以放射状指向坳谷低洼处或山间沟谷，含水层厚度薄，地下水埋藏浅，富水性一般 < 100 m^3/d，溶解性总固体一般为 1~3 g/L，地下水水化学类型主要为重碳酸硫酸氯化物型水。在白芨滩供水站、枣泉电厂等洼地，溶解性总固体最低为0.257 g/L，地下水排泄主要以蒸发排泄和沟谷排泄。

丘陵台地区沟谷划分为沟谷潜水含水系统，部分沟谷接受低山丘陵含水子系统和风积沙覆盖区含水子系统覆盖区的侧向径流排泄，这些沟谷底部多由第四纪冲积层覆盖，厚度不大，存在沟谷潜水，水位埋深较浅，含水层岩性以砂砾石、细砂为主。沟谷潜水含水系统主要受大气降水、侧向径流补给，以地表径流和潜流沿大河子沟排泄地下水，地下水及地表水水化学类型基本一致，为 SC-n 型水，溶解性总固体均大于3.0 g/L。通过灵武东北部由南向北的泄洪沟最终排入黄河。

第2章　地质灾害

地质灾害是指在自然或者人为因素的作用下形成的，对人类生命财产、环境造成破坏和损失的地质作用（现象）。如崩塌、滑坡、泥石流、地裂缝、地面沉降等。

2.1　泥石流

2.1.1　泥石流分布类型及特征

泥石流灾害主要分布于灵武东山山前缓坡丘陵与平原的过渡区。

研究区内发育的小水水沟泥石流属稀性泥石流（图2-1）。下面按泥石流的流域特征叙述如下：

泥石流为沟谷型泥石流，分布于灵武东山山前地带，泥石流沟能明显地分出形成区、流通区和堆积区。形成区地形地貌为低山丘陵区，岩体易风化破碎，构造裂隙发育，固体松散物质较多，有众多勺状、树枝状水系，山坡坡度一般大于15°；流通区多为U型沟谷，主沟纵坡降较小，一般不大于15%；堆积区位于沟口，形成扇形或锥形地貌，在野外与航、卫片影像上观察都十分清晰。

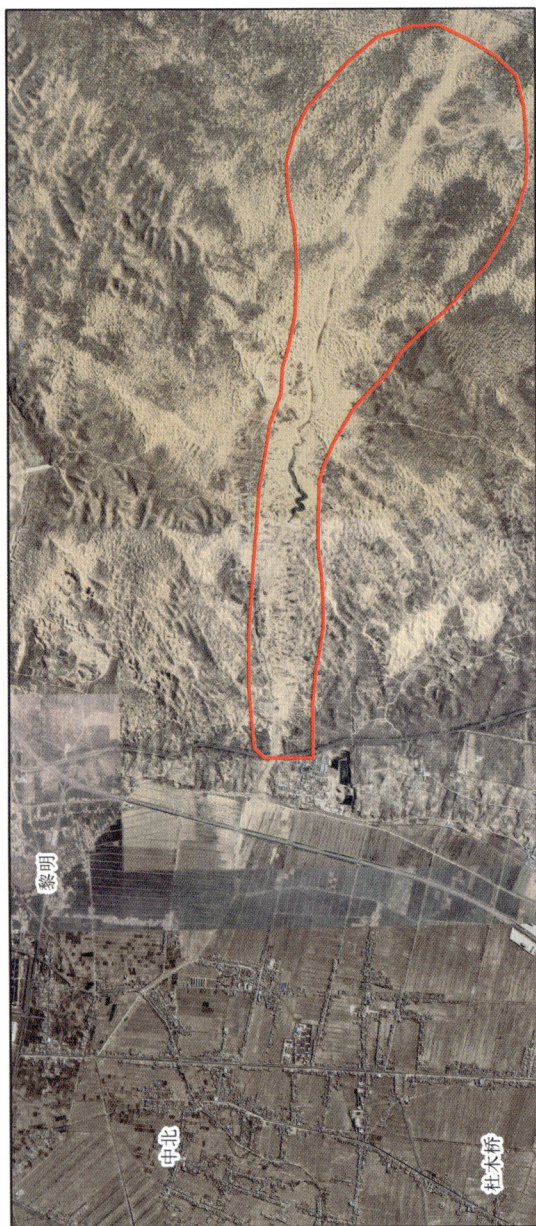

图例 泥石流范围

图2-1 小水水沟流域范围

堆积扇扩散角一般50°~110°，扇长100~3 000 m，宽100~2 000 m，扇面堆积有大量砾石，远离山口砾石变少，砾径变小。

泥石流松散物质主要来自形成区和流通区沟谷两侧的山坡，由于岩土体抗风化能力弱，易风化破碎，沿山坡或坡角堆积，在暴雨时由上游汇集于沟谷中，形成泥石流。

2.1.2 时空分布特征

1.时间分布特征

多年来，泥石流的暴发主要集中出现在强降水或暴雨的丰水年（1997年8月13日、1998年5月20日、2002年6月7日），年内主要集中在5—9月份，与灵武市的雨季基本一致。

2.空间分布特征

空间上泥石流的形成主要受地形、地貌条件的控制，大都发育在山地或山地与平原相连的地带，地形相对高差大、山坡坡度陡、沟谷深切。这类地形地貌沿灵武东山及山前分布，只要其他诱发泥石流的条件具备，随时都可能发生。

另外，泥石流的空间分布也与暴雨的分布区域紧密相连。据灵武市多年的气象资料表明，暴雨主要集中在灵武东山，局部降雨集中，一次性降雨量大，有时过于集中于某些沟谷，特别是灵武东山山地与平原相连的地带，是发生泥石流的高易发区。

2.1.3 稳定性

小水水沟泥石流为稀性泥石流，泥石流沟的汇水面积较大，物源碎屑物多，沟槽弯曲度大，河床宽窄不均匀，卡口多，形成区集中，沟槽堵塞较严重，主沟纵坡降大，多数进入发展期，因此稳定性差。

2.1.4　危害性

由于泥石流速度快，具有很大的能量，冲击力强，再加上泥石流暴发突然，人们难以预料和防备，因而给当地经济建设和人民生命财产带来严重危害。其主要表现在淤农田、防洪堤。

2.1.5　生成条件

泥石流是一种暴发突然、运动很快、能量巨大、来势凶猛、破坏性很强的突发性地质灾害，在一定背景条件下，由某些因素诱发而形成的。

（1）地形、地貌条件

地形、地貌条件是形成泥石流的基本条件之一。小水水沟泥石流沟的上游形成区低山环抱，多呈漏斗状、树枝状地形，山低坡缓，岩体破碎。流通区狭窄，沟床纵坡降不大。下游堆积区宽敞或为山前洪积扇，有利于松散物堆积。总之，集水面积、地形坡度、沟床纵坡降越大，越有利于泥石流的形成。

（2）物质条件

是否有丰富的松散物质来源，是泥石流形成的重要条件。由于灵武东山区处于Ⅶ度地震烈度区，属于强烈上升区，新构造运动强烈，岩体为软硬相间的碎屑岩，岩石节理、裂隙发育，风化剥蚀作用强烈，沟谷中的松散碎屑物堆积较多，这都为泥石流的发育提供丰富的松散物质来源。

（3）激发条件

泥石流最常见的激发条件是暴雨和洪水。在具有充足的松散固体物质和适宜的地形、地质条件下，只要出现暴雨汇成急流，就会引发泥石流。调查区东部的灵武东山山区，为暴雨中心，多年最大降水量250.4 mm，日最大降水量67.8 mm，1 h 最大降水量43 mm，10 min 最大降水量15.8 mm。只要达到临界降雨量，其他条件具备，就会发生泥石流，调查区内的泥石流发生都是由暴雨和洪水激发形成的。

泥石流的暴发往往有一定的周期复活性，各种条件的具备需要一个积累过程，尤其是松散固体物质的补给速度。当固体物源、水源和地形的组合处于最佳状态时，就有可能暴发泥石流。据调查和访问，研究区内一般经过10年就可能发生一次泥石流。

（4）其他条件

人类工程活动是诱发泥石流的另一个主要条件，如灵武东山开山采矿破坏植被，宁东矿区工业垃圾、生活垃圾、矿石及弃渣，增加了形成泥石流的隐患。

2.2　地面塌陷及地裂缝

研究区内的地面塌陷主要为矿山采空区引起的地面塌陷，其分布范围主要在研究区的西部矿区。

矿山地面塌陷是井下开采的矿山在开采过程中，将原生矿体和伴生的废石采出后，形成大小规模不等的地下空间，在重力作用和地应力不均等因素的影响下，在采空区域内产生地裂缝、逐渐发展为地面塌陷。

地面塌陷破坏特征主要表现为连续与非连续两种形式。其中下沉盆地为连续破坏形式，地裂缝、塌陷坑等属于非连续破坏形式。矿区非连续地面沉陷破坏特征较为发育，根据地面调查结果，矿区地面塌陷破坏特征皆位于地面塌陷范围内，均位于采空区上方。矿区地面塌陷破坏特征主要为地裂缝、塌陷坑两个类型。

2.2.1 塌陷区

研究区内的井田，其开采方式均为地下开采，故在采矿活动中，较为容易引发地面塌陷。通过遥感解译及实地调查，存在地面塌陷共计5处，见表2-1，图2-2。

表 2-1　地面塌陷统计表

序号	编号	面积（km²）
1	TXQ-05	1.37
2	TXQ-08	2.09
3	TXQ-04	1.35
4	TXQ-06	1.18
5	TXQ-11	0.26
合计		6.25

塌陷区主要分布在矿区的采空区上方，其范围内人类工程活动较弱，塌陷区的危害主要是对原始地貌的破坏及简易道路的损坏。

2.2.2 地裂缝

研究区内地裂缝较为发育，且分布较为集中，主要分布于沙地与山地地貌之中，山地地势起伏变化较大，从塌陷区与地裂缝分布图上可以看出，地裂缝基本上发育在塌陷区的边缘。研究区东部构造复杂程度属于中等，没有处于活动阶段的断裂带，未发

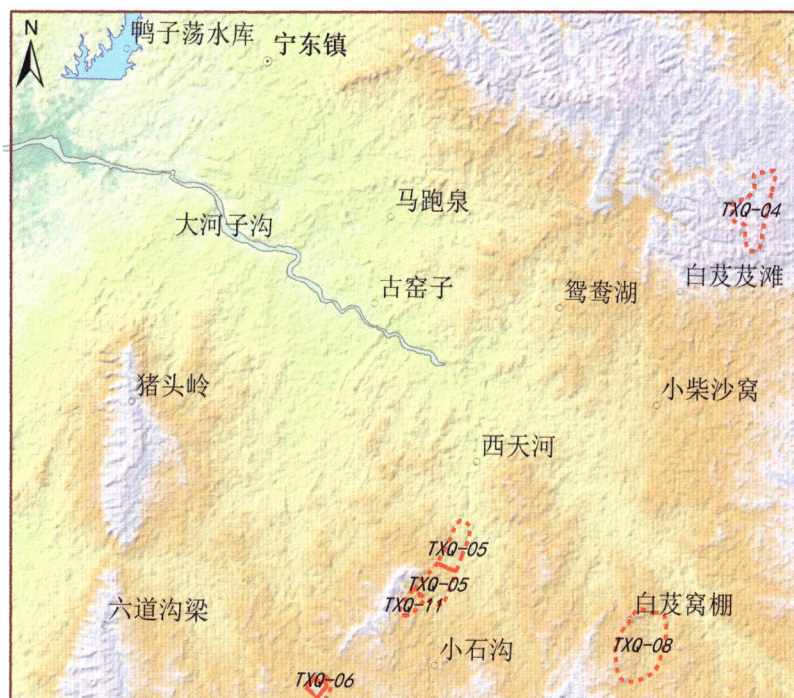

图例 ⬚ 塌陷区

图2-2　研究区内地面塌陷分布区

现延伸至地表的断裂，地裂缝皆为非构造地裂缝。研究区煤矿开采活动活跃，开采历史久且开采规模大，故煤矿开采活动为地裂缝发生的诱因或直接原因。

研究区内矿区的地裂缝主要分为两类：一类为滑动型地裂缝，剖面形态主要为低侧下落明显，主要位于地势较为起伏区域，该类地裂缝所在区域地面沉陷量相对较大；一类为拉伸型地裂缝，地裂缝两侧地表没有明显下落，主要位于地势较为平缓的地貌区域，该类地裂缝所处区域地面沉陷量相对较小。故滑动型地裂缝规模较拉伸型地裂缝规模明显较大。

研究区内的滑动地裂缝发育较少，仅在东南部发育编号为DLF01的一条地裂缝。延伸方向为21°，发育最大宽度为2 m，深度为0.6 m。

拉伸地裂缝在研究区内发育较多，主要分布于采空区的边缘，发育长度最短为63.8 m，最长为870.33 m，宽度为0.4~1 m，平均宽度0.64 m，深度为0.4~1 m，平均深度为0.6 m。该类型地裂缝平面几何形态主要以直线为主，地裂缝两侧无明显下落，其具体特征见表2-2。

研究区内的地裂缝发育主要的特征是以集中发育为主，在东南部集中发育10条地裂缝，在东北部集中发育大小15条地裂缝（图2-3，图2-4，图2-5，图2-6，图2-7）。

地裂缝周边几乎无人类工程活动，对人类工程的影响较小，主要是对地貌影响较大，对研究区内的矿区简易道路破坏性较大。

表 2-2 地裂缝统计表

序号	编号	长度（m）	延伸方向（°）	最大宽度（m）	最大深度（m）	性质
1	DLF01	1470.50	21	2	0.6	滑动
2	DLF02	645.85	19	1	0.5	拉伸
3	DLF03	870.33	22	0.7	0.7	拉伸
4	DLF04	549.62	20	0.8	0.5	拉伸
5	DLF05	496.31	19	0.5	0.6	拉伸
6	DLF06	175.29	13	1	0.7	拉伸
7	DLF07	577.41	21	0.7	0.4	拉伸
8	DLF08	623.82	21	0.8	0.6	拉伸
9	DLF09	391.65	26	1	0.4	拉伸
10	DLF10	297.23	17	0.7	0.5	拉伸
11	DLF11	332.74	32	0.8	1.3	拉伸
12	DLF12	595.54	35	0.6	0.9	拉伸
13	DLF13	240.54	60	0.8	1	拉伸
14	DLF14	505.84	33	0.6	0.5	拉伸
15	DLF15	228.06	25	0.6	0.7	拉伸
16	DLF16	273.91	21	0.4	0.5	拉伸
17	DLF17	63.80	23	0.4	0.6	拉伸
18	DLF18	66.03	20	0.6	0.5	拉伸
19	DLF19	93.44	22	0.4	0.4	拉伸
20	DLF20	548.42	22	0.6	0.5	拉伸
21	DLF21	86.12	24	0.5	0.7	拉伸
22	DLF22	231.64	21	0.5	0.6	拉伸

序号	编号	长度（m）	延伸方向(°)	最大宽度(m)	最大深度(m)	性质
23	DLF23	138.78	24	0.4	0.5	拉伸
24	DLF24	77.47	24	0.6	0.4	拉伸
25	DLF25	156.04	22	0.5	0.5	拉伸
合计		9736.38				

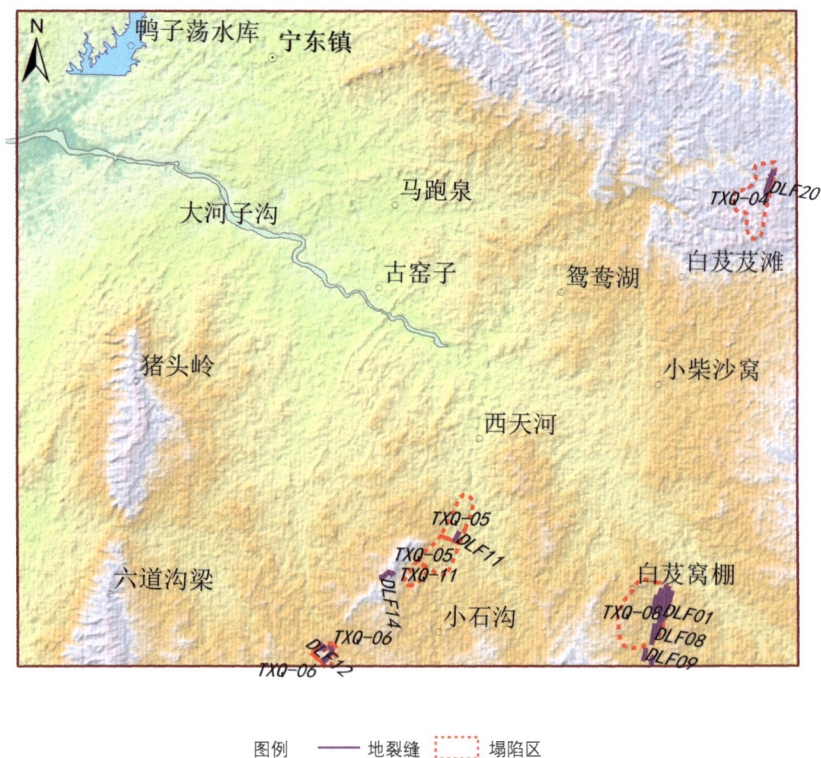

图例　——地裂缝　⬜塌陷区

图2-3　地面塌陷与地裂缝位置关系图

图2-4　DLF01地裂缝（镜像200°）

图2-5　DLF15地裂缝（镜像30°）

图2-6 梅花井井田地裂缝带（镜像50°）

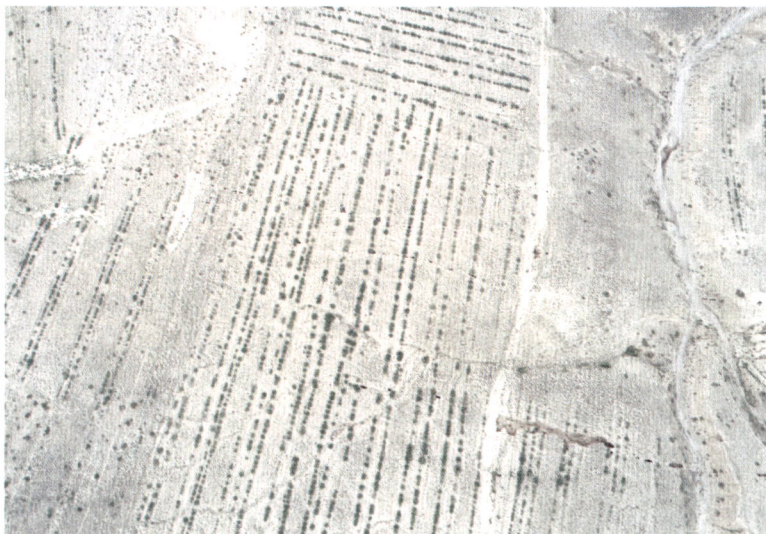

图2-7 清水营井田地裂缝带（镜像110°）

第3章 土壤质量

土壤质量是指土壤在生态系统中保持生物的生产力、维持环境质量、促进动植物健康的能力。

本次研究对灵武东山以西的平原区及研究区的东部进行了采样工作（研究区中部的白芨滩自然保护区没有进行采样）。主要针对地表土壤样进行化验分析，埋深1 m土壤样及埋深2 m土壤样布点密度较小，做简单分析。

3.1 土壤养分地球化学特征与等级

3.1.1 土壤氮、磷、钾、钙、镁养分元素地球化学特征

（1）表层土壤养分元素地球化学特征

①不同土壤元素统计

通过对表层土壤样品的氮、磷、钾、钙、镁养分元素进行统计分析，其含量的平均值分别为0.61 g/kg，0.75 g/kg，22.7 g/kg，6.46%，2.08%。与全国土壤背景相比较，除钾高于全国背景值外，其余养分元素均低于全国土壤背景值（表3-1）。

表 3-1　表层土壤养分元素统计特征

序号	元素	单位	最小值	最大值	平均值	标准差	极差	CV(%)	变异性	全国土壤背景值
1	N	g/kg	0.06	4.00	0.61	0.40	3.94	66.56	变异性中等	—
2	P	g/kg	0.18	3.66	0.75	397.35	3.48	52.77	变异性中等	800
3	K	g/kg	16.50	29.30	22.70	2.10	12.80	9.27	变异性弱	18.6
4	CaO	%	1.69	11.44	6.46	2.13	9.75	32.98	变异性中等	15.4
5	MgO	%	0.25	3.72	2.08	0.62	3.47	30.11	变异性中等	7.8

变异系数（CV）被定义为一组数据的标准差与平均值的百分比，其数值的大小可解释不同元素间的差异程度。根据变异系数的大小，可将土壤元素的变异性分级，当 CV 小于10% 时，说明元素变异性弱；当 CV 在10%~100% 时，说明元素的变异性中等；当 CV 大于100% 时，说明元素的变异性强。

表3-1中可以看出，钾的变异系数小于10%，其余的养分元素的变异系数均在10%~100%，养分元素存在不同程度的变异，说明研究区的土壤元素在水平方向有差异。

②养分指标分级统计

氮是植物体内多种重要有机化合物的组分，是限制植物生长和产量的重要因素，也是遗传物质的基础（图3-1）。

研究区内的氮含量较低，含量为0.06~4.00 g/kg，平均值为

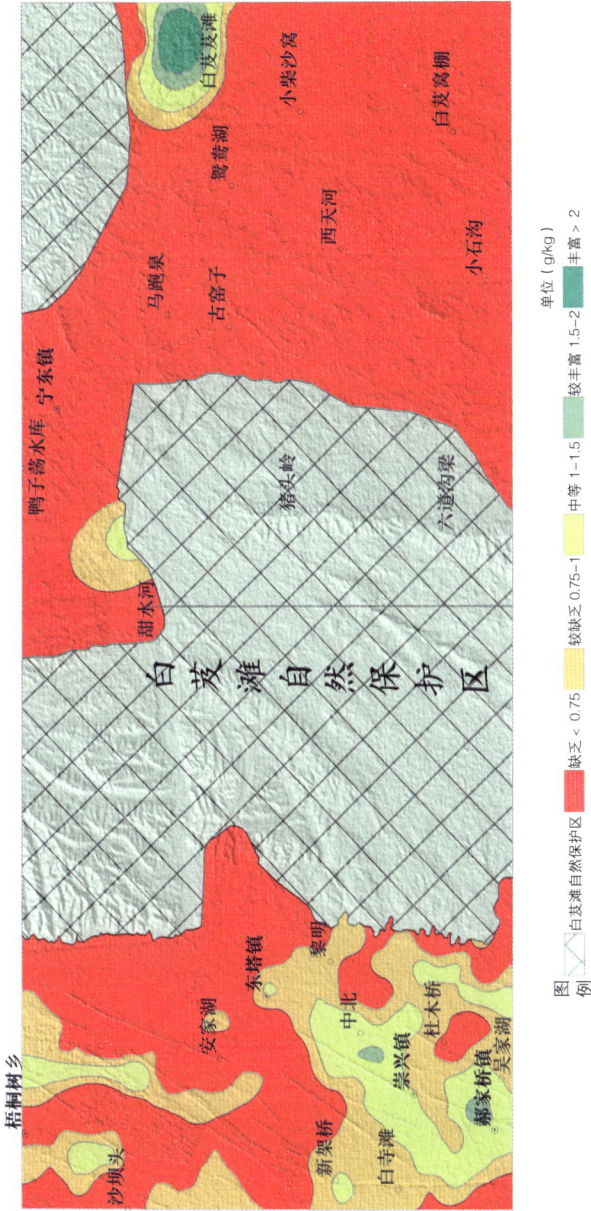

图3-1　氮元素养分指标等级划分分区

0.61 g/kg。在土壤样品正态分布图中，氮的含量主要在0.02~1.25 g/kg。按照《土地质量地球化学评价规范（DZ/T 0295—2016）》养分指标划分标准，缺乏氮区占70.8%，较缺乏氮区占15.61%，中等区占12.14%，较丰富区与丰富区仅有5组土壤样品，仅占1.45%（表3-2）。

表 3-2 表层土壤养分元素指标分级统计

指标	分级	一级（丰富）	二级（较丰富）	三级（中等）	四级（较缺乏）	五级（缺乏）
N	指标范围（g·kg⁻¹）	> 2	>1.5~ 2	>1~ 1.5	>0.75~ 1	≤ 0.75
	样品个数	2	3	42	54	245
	比例	0.58%	0.87%	12.14%	15.61%	70.81%
P	指标范围（g·kg⁻¹）	> 1	>0.8~ 1	>0.6~ 0.8	>0.4~ 0.6	≤ 0.4
	样品个数	67	45	51	66	117
	比例	19.36%	13.01%	14.74%	19.08%	33.82%
K	指标范围（g·kg⁻¹）	> 25	>20~ 25	>15~ 20	>10~ 15	≤ 10
	样品个数	28	269	49	0	0
	比例	8.09%	77.75%	14.16%	0.00%	0.00%
CaO	指标范围（%）	> 5.54	2.68~ 5.54	1.16~2.68	0.42~ 1.16	≤ 0.42
	样品个数	204	124	18	0	0
	比例	58.96%	35.84%	5.20%	0.00%	0.00%

续表

指标	分级	一级（丰富）	二级（较丰富）	三级（中等）	四级（较缺乏）	五级（缺乏）
MgO	指标范围（%）	> 2.15	1.70~2.15	1.20~1.70	0.70~1.20	≤ 0.70
	样品个数	140	68	82	54	2
	比例	40.46%	19.65%	23.70%	15.61%	0.58%

磷是植物生长发育不可缺少的营养元素之一，对植物高产及保持品质的优良特性有明显作用。

研究区内的磷含量为0.18~3.66 g/kg，平均值为0.75 g/kg。在土壤样品正态分布图中，磷的含量主要在0.03~1.4 g/kg。有效磷含量为2.5~43.2 mg/kg，平均18.80 mg/kg，属中等级别《土地质量地球化学评价规范（DZ/T 0295—2016）》养分指标划分标准中有效磷中等范围为10~20 mg/kg。按照《土地质量地球化学评价规范（DZ/T 0295—2016）》养分指标划分标准，缺乏磷区占33.82%，较缺乏区占19.08%，中等区占14.74%，较丰富区占13.01%，丰富区占19.36%（图3-2）。

钾不仅是植物生长发育所必需的营养元素，而且是肥力三要素之一。大部分植物对钾的需求很大，植物的吸钾量一般超过吸磷量，与吸氮量相近，而喜钾作物需钾量高于需氮量。

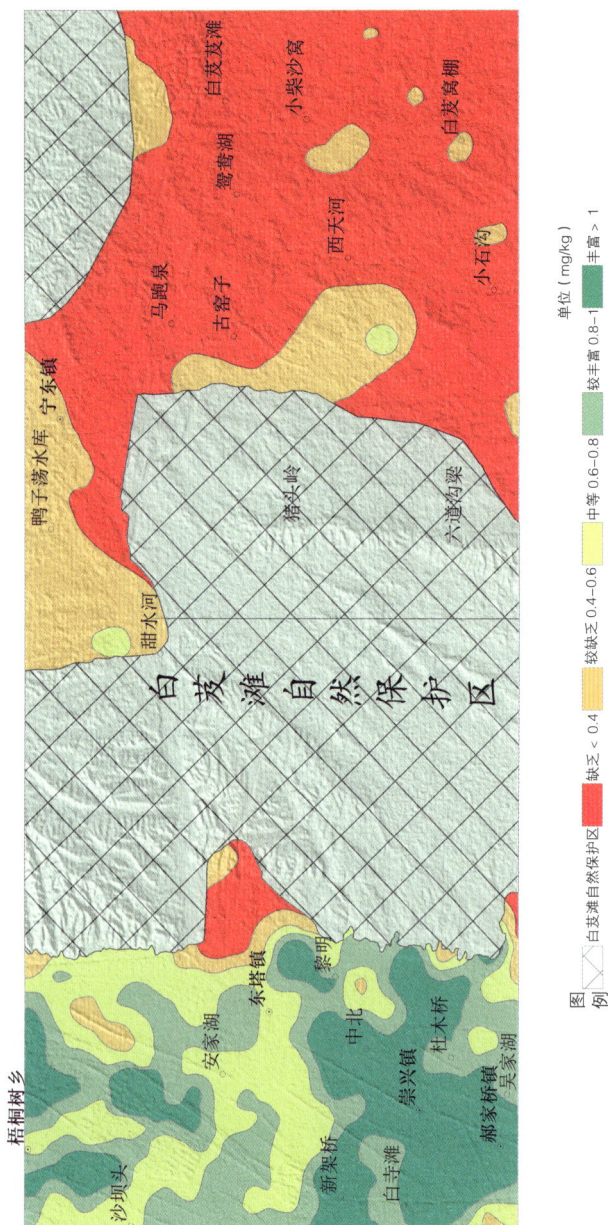

图3-2　磷元素养分指标等级划分分区

图例

白芨滩自然保护区

单位（mg/kg）

缺乏 < 0.4　　较缺乏 0.4-0.6　　中等 0.6-0.8　　较丰富 0.8-1　　丰富 > 1

研究区内的钾含量较为丰富，为16.5~29.3 g/kg，平均值为22.7 g/kg。在土壤样品正态分布图中，钾的含量主要在19.00~26.00 g/kg。速效钾含量介于42.6~181.1 mg/kg，平均95.6 mg/kg，属较缺乏级别。《土地质量地球化学评价规范（DZ/T 0295—2016）》养分指标划分标准中速效钾较缺乏范围为50~100 mg/kg。按照《土地质量地球化学评价规范（DZ/T 0295—2016）》养分指标划分标准，钾元素养分指标等级划分可分为三个级别，分别为中等区占14.16%，较丰富区占77.75%，丰富区占8.09%（图3-3）。

钙在植物中起着不可估量的作用。它可以促进细胞壁的发育，减少植株体内营养物质外渗、抑制病菌的侵染，提高抗病性，消除体内过多有机酸的危害，促进体内各种代谢过程。植株一旦缺钙，体内代谢受阻，就会发生种种缺钙症状（图3-4）。

研究区内的钙含量较为丰富，在1.69%~11.44%，平均值为6.46%。在土壤样品正态分布图中，钙的含量主要在2.0%~9.5%。按照《土地质量地球化学评价规范（DZ/T 0295—2016）》养分指标划分标准，钙元素养分指标等级划分可分为三个级别，分别为中等区占5.20%，较丰富区占35.84%，丰富区占58.96%。

镁是构成植物体内叶绿素的主要成分之一，与植物的光合作用有关。镁又是二磷酸核酮糖羧化酶的活化剂，能促进植物对二氧化碳的同化作用。也是DNA聚合酶的活化剂，能促进DNA的合成。

研究区内的镁含量为0.25%~3.72%，平均值为2.08%。在土壤样品正态分布图中，镁的含量主要在0.8%~3.0%（图3-5）。按照《土地质量地球化学评价规范（DZ/T 0295—2016）》养分指标划分标

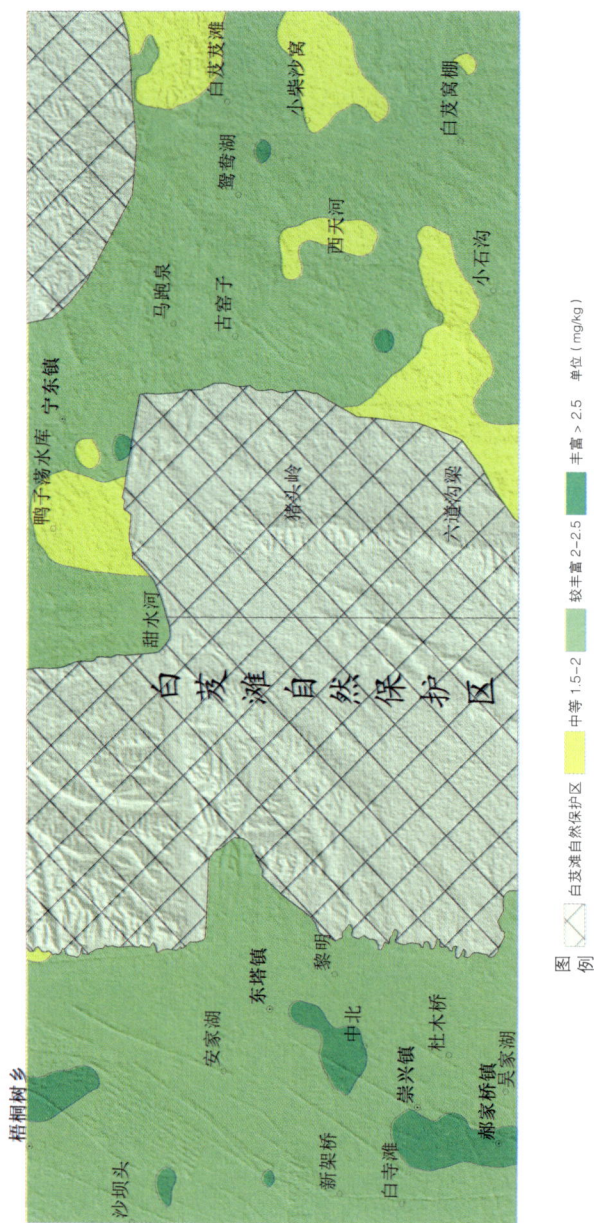

图3-3 钾元素养分指标等级划分分区

图例

白芨滩自然保护区　　中等1.5~2　　较丰富2~2.5　　丰富＞2.5　　单位（mg/kg）

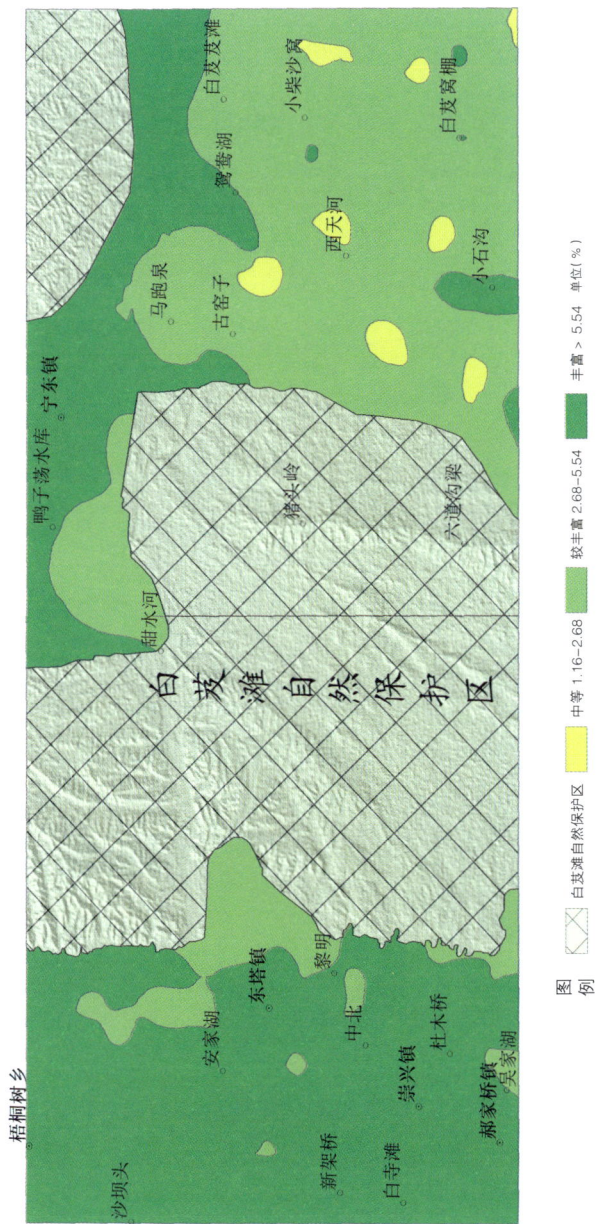

图3-4 钙元素养分指标等级划分分区

图例

中等 1.16~2.68　　较丰富 2.68~5.54　　丰富 > 5.54 单位（%）

白芨滩自然保护区

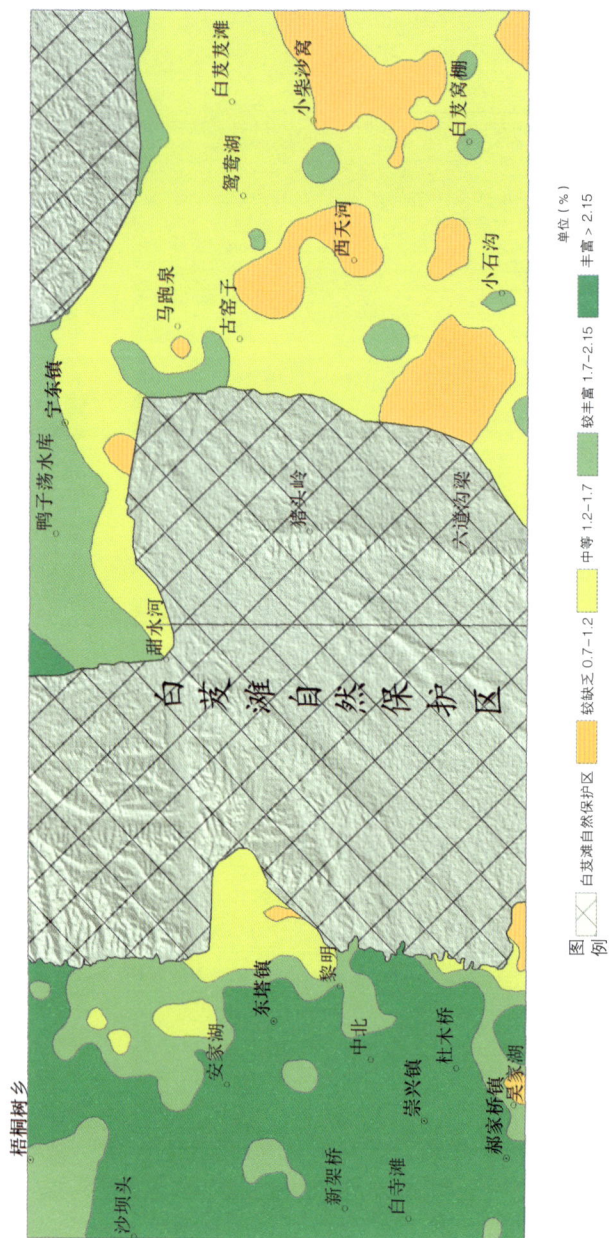

图3-5 镁元素养分指标等级划分分区

准，缺乏镁区占0.58%，较缺乏镁区占15.61%，中等区占23.70%，较丰富区占19.65%，丰富区占40.46%。

③养分元素的相关性分析（图3-6）

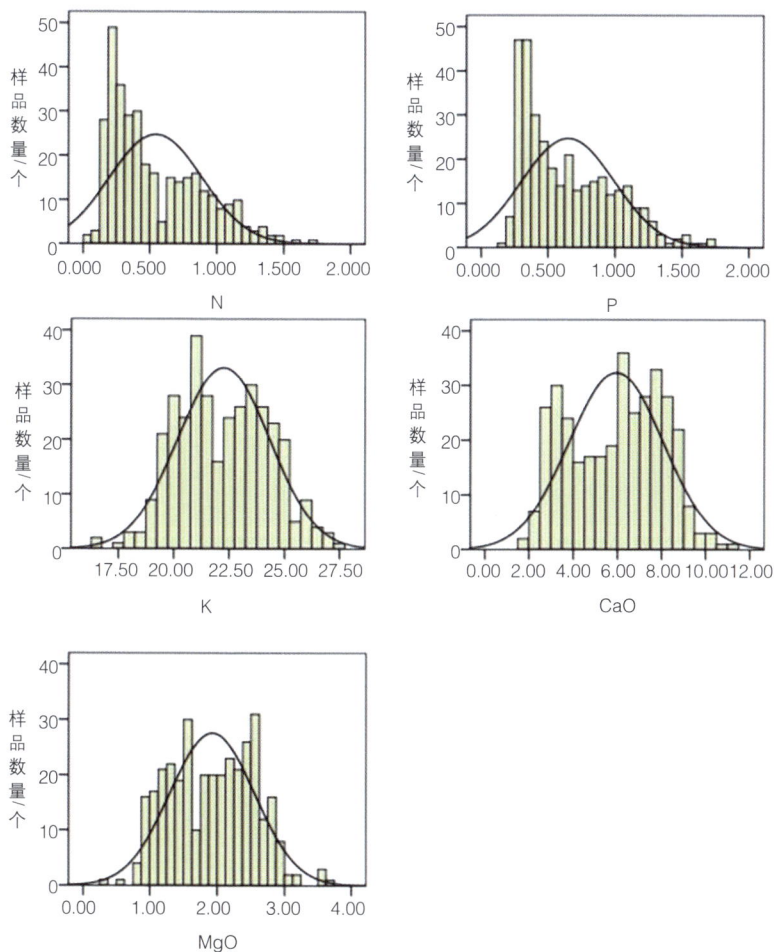

图3-6　表层土壤养分指标值分布频率图

将各元素数据进行标准差标准化后，对表层土壤的各养分元素之间进行相关性分析，其皮尔逊相关系数和双尾检验结果如表3-3所示。

表3-3　地表土壤样品各养分元素之间的相关系数

		N	P	K	CaO	MgO
N	皮尔逊相关性	1				
P	皮尔逊相关性	0.707**	1			
K	皮尔逊相关性	0.487**	0.656**	1		
CaO	皮尔逊相关性	0.529**	0.578**	0.508**	1	
MgO	皮尔逊相关性	0.521**	0.633**	0.668**	0.904**	1

** 在 0.01 级别（双尾），相关性显著。

由表3-3可知，氮与磷在0.01级别上显著正相关，相关系数为0.707；钙与镁在0.01级别上显著正相关，相关系数为0.904；氮与钾在0.01级别上相关性与其他元素相比较，相关性较弱。

（2）埋深1 m 土壤养分元素地球化学特征

①不同土壤元素统计

通过对埋深1 m 土壤样品的氮、磷、钾、钙、镁养分元素进行统计分析，其含量的平均值分别为0.29 g/kg，0.49 g/kg，21.9 g/kg，5.68%，1.71%。

表3-4中可以看出，钾的变异系数小于10%，其余的养分元素的变异系数均在10%~100%，养分元素存在不同程度的变异，说明灵武、磁窑堡幅的埋深1m土壤元素大部分在水平方向有差异。

表 3-4　埋深 1m 土壤养分元素统计特征

序号	元素	单位	最小值	最大值	平均值	标准差	极差	CV（%）	变异性
1	N	g/kg	0.07	0.80	0.29	0.15	0.73	50.35	变异性中等
2	P	g/kg	0.21	0.85	0.49	0.18	0.64	35.65	变异性中等
3	K	g/kg	16.80	26.40	21.90	2.00	9.60	9.28	变异性弱
4	CaO	%	1.18	10.94	5.68	2.13	9.76	37.53	变异性中等
5	MgO	%	0.49	2.90	1.71	0.58	2.41	34.03	变异性中等

②养分指标分级统计

研究区内埋深1m土壤氮含量较低，含量为0.07~0.80 g/kg，平均值为0.29 g/kg。在土壤样品正态分布图中，氮的含量主要在0.1~0.5 g/kg之间。按照《土地质量地球化学评价规范（DZ/T 0295—2016）》养分指标划分标准，埋深1m的土壤样品氮含量为缺乏，其氮缺乏区占98.59%，较缺乏区占1.41%（表3-5）。

表 3-5　埋深 1m 土壤养分元素指标分级统计

指标	分级	一级 （丰富）	二级 （较丰富）	三级 （中等）	四级 （较缺乏）	五级 （缺乏）
N	指标范围（g·kg⁻¹）	> 2	>1.5~ 2	>1~ 1.5	>0.75~ 1	≤ 0.75
	样品个数	0	0	0	1	70
	比例	0.00%	0.00%	0.00%	1.41%	98.59%
P	指标范围（g·kg⁻¹）	> 1	>0.8~ 1	>0.6~ 0.8	>0.4~ 0.6	≤ 0.4
	样品个数	0	3	17	23	28
	比例	0.00%	4.23%	23.94%	32.39%	39.44%
K	指标范围（g·kg⁻¹）	> 25	>20~ 25	>15~ 20	>10~ 15	≤ 10
	样品个数	4	53	14	0	0
	比例	5.63%	74.65%	19.72%	0.00%	0.00%
CaO	指标范围（%）	> 5.54	2.68~ 5.54	1.16~ 2.68	0.42~ 1.16	≤ 0.42
	样品个数	34	34	3	0	0
	比例	47.89%	47.89%	4.23%	0.00%	0.00%
MgO	指标范围（%）	> 2.15	1.70~ 2.15	1.20~ 1.70	0.70~ 1.20	≤ 0.70
	样品个数	19	14	20	16	2
	比例	26.76%	19.72%	28.17%	22.54%	2.82%

磷含量为 0.21~0.85 g/kg，平均值为 0.49 g/kg。在土壤样品正态分布图中，磷的含量主要在 0.3~0.7 g/kg。按照《土地质量地球化

学评价规范（DZ/T 0295—2016）》养分指标划分标准，缺乏区占39.44%，较缺乏区占32.39%，中等区占23.94%，较丰富区占4.23%。

钾含量介于16.8~26.4 g/kg之间，平均值为21.9 g/kg。在土壤样品正态分布图中，钾的含量主要在18~26 g/kg。按照《土地质量地球化学评价规范（DZ/T 0295—2016）》养分指标划分标准，中等区占19.72%，较丰富区占74.65%，丰富区占5.63%。

研究区内埋深1 m土壤中钙含量较为丰富，介于1.18%~10.94%之间，平均值为5.68%。在土壤样品正态分布图中，钙的含量主要在3.0%~9.0%。按照《土地质量地球化学评价规范（DZ/T 0295—2016）》养分指标划分标准，钙元素养分指标等级划分可分为三个级别，分别为中等区占4.23%，较丰富区占47.89%，丰富区占47.89%。

镁含量为0.49%~2.9%，平均值为1.71%。在土壤样品正态分布图中，镁的含量主要在0.8%~2.6%。按照《土地质量地球化学评价规范（DZ/T 0295—2016）》养分指标划分标准，镁元素养分指标等级划分可分为五个级别，分别为缺乏区占2.82%，较缺乏区占22.54%，中等区占28.17%，较丰富区占19.72%，丰富区占26.76%。

③养分元素的相关性分析（图3-7）

将各元素数据进行标准差标准化后，对表层土壤的各养分元素之间进行相关性分析，其皮尔逊相关系数和双尾检验结果如表3-6所示。

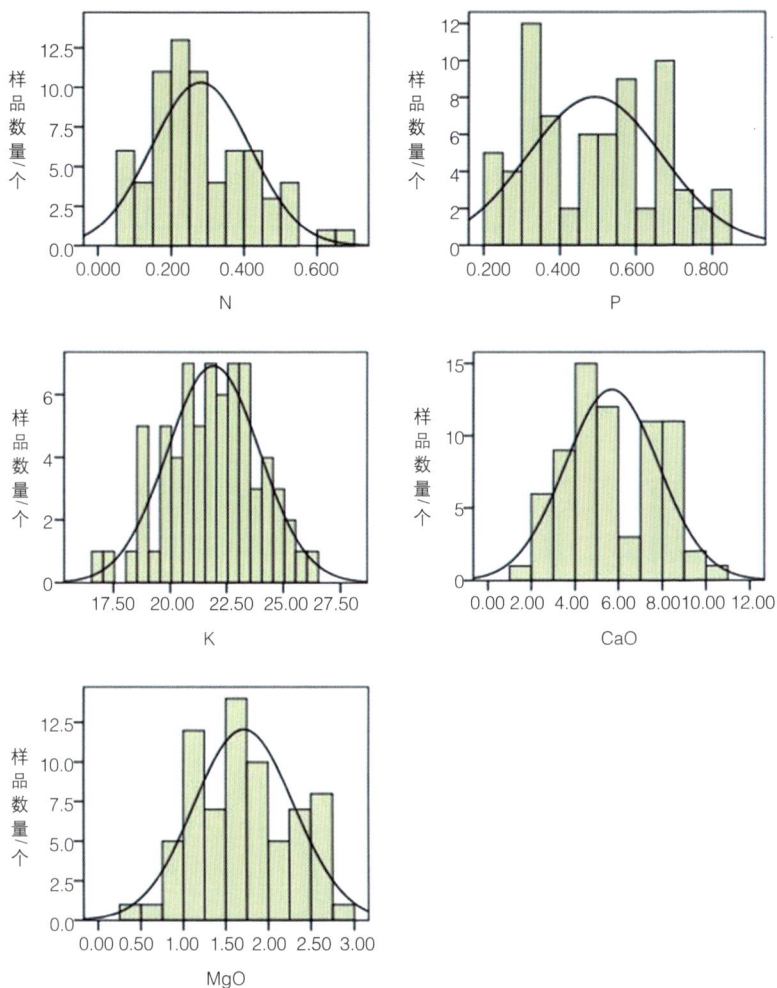

图3-7　埋深1m土壤养分指标值分布频率图

表 3-6　埋深 1 m 土壤样品各养分元素之间的相关系数

		N	P	K	CaO	MgO
N	皮尔逊相关性	1				
P	皮尔逊相关性	0.580**	1			
K	皮尔逊相关性	0.459**	0.844**	1		
CaO	皮尔逊相关性	0.432**	0.594**	0.374**	1	
MgO	皮尔逊相关性	0.545**	0.771**	0.696**	0.829**	1

** 在 0.01 级别（双尾），相关性显著。

由表3-6可知，磷与钾在0.01级别上显著正相关，相关系数为0.844；磷与镁在0.01级别上显著相关，相关系数为0.771；钙与镁在0.01级别上显著正相关，相关系数为0.829；氮与钙、钾在0.01级别上相关性与其他元素相比较，相关性较弱；钾与钙在0.01级别上相关性与其他元素相比较，相关性较弱。

（3）埋深2 m 土壤养分元素地球化学特征

①不同土壤元素统计

通过对埋深2 m 土壤样品的氮、磷、钾、钙、镁养分元素进行统计分析，其含量的平均值分别为0.30 g/kg，0.51 g/kg，22.3 g/kg，5.70%，1.76%。

表3-7中可以看出，钾的变异系数小于10%，其余的养分元素的变异系数均在10%~100%，养分元素存在不同程度的变异，说明灵武、磁窑堡幅的埋深2 m 土壤元素大部分在水平方向有差异。

表 3-7　埋深 2 m 土壤养分元素统计特征

编号	元素	单位	最小值	最大值	平均值	标准差	极差	CV（%）	变异性
1	N	g/kg	0.10	0.88	0.30	0.16	0.78	54.06	变异性中等
2	P	g/kg	0.15	0.83	0.51	0.17	0.68	32.92	变异性中等
3	K	g/kg	17.00	27.70	22.30	2.00	10.70	9.11	变异性弱
4	CaO	%	1.26	9.59	5.70	1.93	8.33	33.87	变异性中等
5	MgO	%	0.66	2.92	1.76	0.53	2.26	30.22	变异性中等

②养分指标分级统计（图3-8）

研究区内埋深2m土壤氮含量较低，含量为0.1~0.88 g/kg，平均值为0.30 g/kg。在土壤样品正态分布图中，氮的含量主要在0.1~0.6 g/kg。按照《土地质量地球化学评价规范（DZ/T 0295—2016）》养分指标划分标准，埋深2m的土壤样品氮含量为缺乏，其氮缺乏区占98.41%，较缺乏区占1.59%（表3-8）。

表 3-8　埋深 2m 土壤养分元素指标分级统计

指标	分级	一级（丰富）	二级（较丰富）	三级（中等）	四级（较缺乏）	五级（缺乏）
N	指标范围（g·kg⁻¹）	> 2	>1.5~ 2	>1~ 1.5	>0.75~ 1	≤ 0.75
	样品个数	0	0	0	1	62
	比例	0.00%	0.00%	0.00%	1.59%	98.41%

指标	分级	一级 （丰富）	二级 （较丰富）	三级 （中等）	四级 （较缺乏）	五级 （缺乏）
P	指标范围 （ g · kg^{-1} ）	> 1	>0.8~ 1	>0.6~ 0.8	>0.4~ 0.6	≤ 0.4
	样品个数	0	2	20	20	21
	比例	0.00%	3.17%	31.75%	31.75%	33.33%
K	指标范围 （ g · kg^{-1} ）	> 25	>20~ 25	>15~ 20	>10~ 15	≤ 10
	样品个数	6	50	7	0	0
	比例	9.52%	79.37%	11.11%	0.00%	0.00%
CaO	指标范围 （ % ）	> 5.54	2.68~ 5.54	1.16~ 2.68	0.42~ 1.16	≤ 0.42
	样品个数	32	29	2	0	0
	比例	50.79%	46.03%	3.17%	0.00%	0.00%
MgO	指标范围 （ % ）	> 2.15	1.70~ 2.15	1.20~ 1.70	0.70~ 1.20	≤ 0.70
	样品个数	14	18	22	8	1
	比例	22.22%	28.57%	34.92%	12.70%	1.59%

磷含量为0.15~0.83 g/kg，平均值为0.51 g/kg。在土壤样品正态分布图中，磷的含量主要在0.2~0.8 g/kg。按照《土地质量地球化学评价规范（DZ/T 0295—2016）》养分指标划分标准，缺乏区占33.33%，较缺乏区占31.75%，中等区占31.75%，较丰富区占3.17%。

钾含量为17.0~27.7 g/kg，平均值为22.3 g/kg。在土壤样品正态分布图中，钾的含量主要在20~26 g/kg。按照《土地质量地球化学评价规范（DZ/T 0295—2016）》养分指标划分标准，中等区占

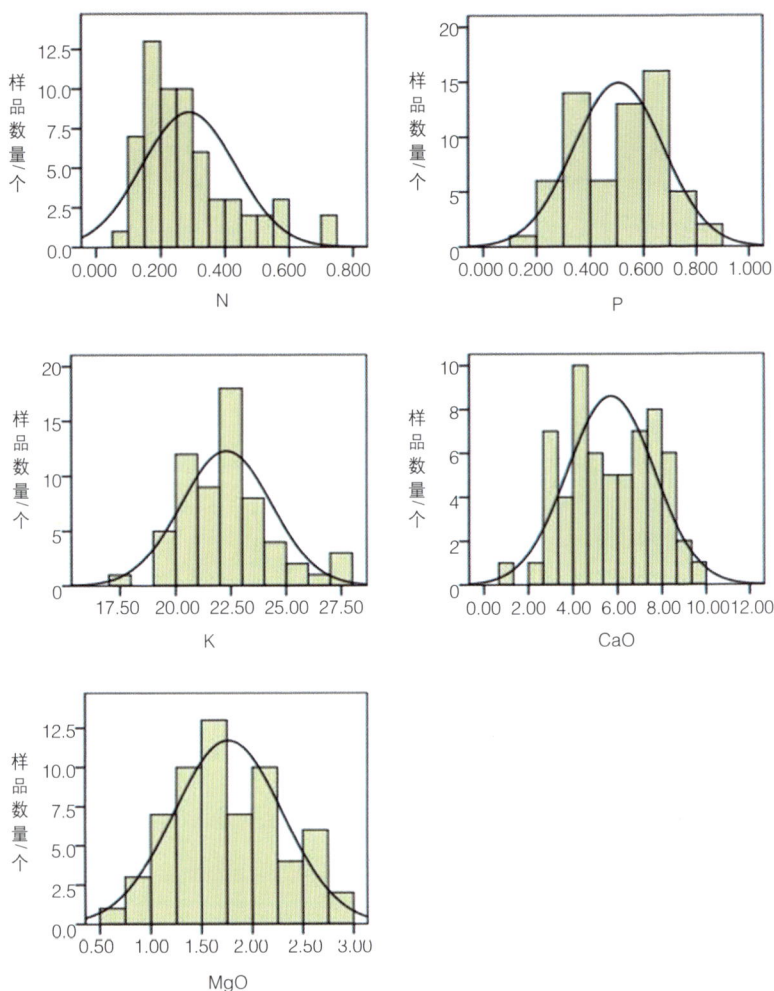

图3-8 埋深2 m土壤养分指标值分布频率图

11.11%，较丰富区占79.37%，丰富区占9.52%。

钙含量较为丰富，为1.26%~9.59%，平均值为5.70%。在土壤样品正态分布图中，钙的含量主要在3.0%~9.0%。按照《土地质量地球化学评价规范（DZ/T 0295—2016）》养分指标划分标准，钙元素养分指标等级划分可分为三个级别，分别为中等区占3.17%，较丰富区占46.03%，丰富区占50.79%。

镁含量为0.66%~2.92%，平均值为1.76%。在土壤样品正态分布图中，镁的含量主要在1%~2.5%。按照《土地质量地球化学评价规范（DZ/T 0295—2016）》养分指标划分标准，镁元素养分指标等级划分可分为五个级别，分别为缺乏区占1.59%，较缺乏区占12.70%，中等区占34.92%，较丰富区占28.57%，丰富区占22.22%。

③养分元素的相关性分析

将各元素数据进行标准差标准化后，对表层土壤的各养分元素之间进行相关性分析，其皮尔逊相关系数和双尾检验结果如表3-9所示。

表3-9 埋深2 m土壤样品各养分元素之间的相关系数

		N	P	K	CaO	MgO
N	皮尔逊相关性	1				
P	皮尔逊相关性	0.671**	1			
K	皮尔逊相关性	0.612**	0.795**	1		
CaO	皮尔逊相关性	0.620**	0.777**	0.660**	1	
MgO	皮尔逊相关性	0.666**	0.828**	0.799**	0.900**	1

** 在 0.01 级别（双尾），相关性显著。

由表3-9可知，磷与镁在0.01级别上显著正相关，相关系数为0.828；钾与镁在0.01级别上显著相关，相关系数为0.799；钙与镁在0.01级别上显著正相关，相关系数为0.900；氮与钙、钾在0.01级别上相关性与其他元素相比较，相关性较弱。

④土壤养分元素垂向地球化学特征

在研究区，氮元素的含量由表层至下部，逐渐降低，但是在灵新煤矿西部，土壤中的氮元素含量却是由表层至下部，逐渐升高。磷元素的垂向分布也较为规律，由土壤表层至下部，磷元素含量逐渐降低。在工作区东部，土壤中钾元素的含量由表层至下部逐渐降低，在工作区西部，钾元素在表层含量最高，在埋深1 m处含量最低，但是在埋深2 m处的时候，钾元素含量升高，说明钾元素在中部的含量与耕作有关系。钙元素含量的垂向分布较为规律，在宁东镇一带，钙元素的含量由表层至下部逐渐升高，工作区西部的钙元素含量，由表层至下部逐渐下降。镁元素在整个研究区中的垂向分布，表层含量最高，1 m处含量高于2 m处的含量（图3-9）。

3.1.2　土壤铁、锰、锌、铜、硼、钼微量元素地球化学特征

（1）表层土壤微量元素地球化学特征

①不同土壤元素统计

通过对表层土壤样品的铁、锰、锌、铜、硼、钼微量元素进行统计分析，其含量的平均值分别为3.8%，518.58 mg/kg，59.12 mg/kg，21.71 mg/kg，44.16 mg/kg，0.61 mg/kg（表3-10）。

N 元素含量

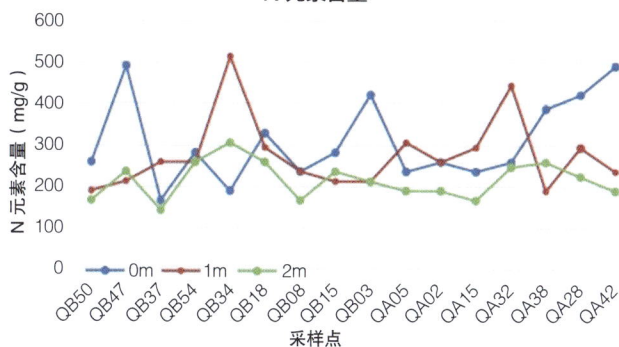

N 元素含量（mg/g）

纵轴：600, 500, 400, 300, 200, 100, 0

图例：0m　1m　2m

采样点：QB50　QB47　QB37　QB54　QB34　QB18　QB08　QB15　QB03　QA05　QA02　QA15　QA32　QA38　QA28　QA42

P 元素含量

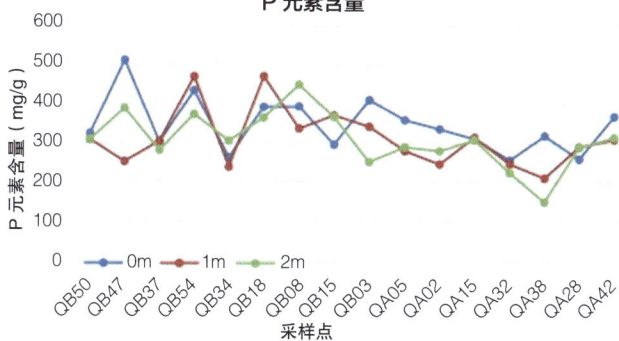

P 元素含量（mg/g）

纵轴：600, 500, 400, 300, 200, 100, 0

图例：0m　1m　2m

采样点：QB50　QB47　QB37　QB54　QB34　QB18　QB08　QB15　QB03　QA05　QA02　QA15　QA32　QA38　QA28　QA42

k 元素含量

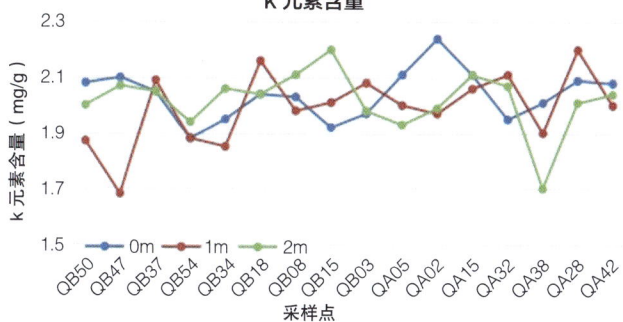

k 元素含量（mg/g）

纵轴：2.3, 2.1, 1.9, 1.7, 1.5

图例：0m　1m　2m

采样点：QB50　QB47　QB37　QB54　QB34　QB18　QB08　QB15　QB03　QA05　QA02　QA15　QA32　QA38　QA28　QA42

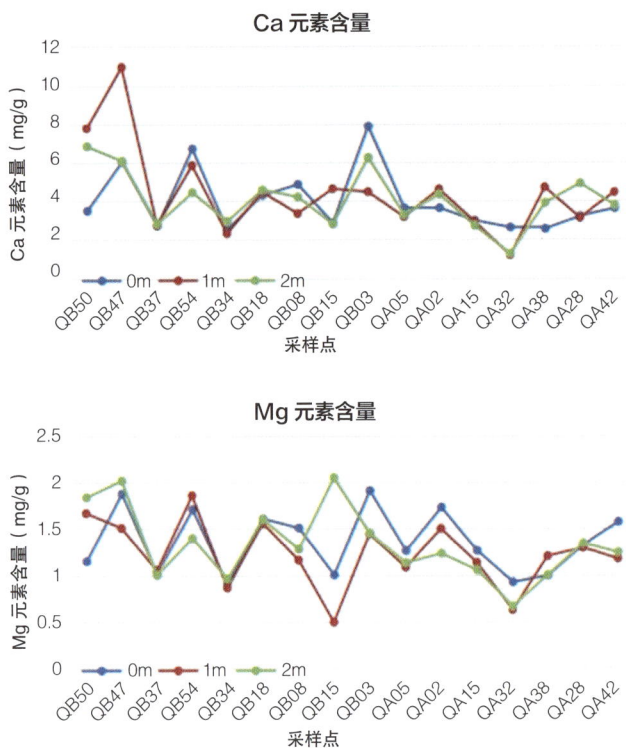

图3-9 土壤养分元素含量示意图

表 3-10 表层土壤微量元素统计特征

编号	元素	单位	最小值	最大值	平均值	标准差	极差	CV（%）	变异性
1	Fe	%	0.98	5.96	3.80	0.94	4.98	24.75	变异性中等
2	Mn	mg/kg	122.00	784.00	518.58	119.51	662.00	23.05	变异性中等
3	Zn	mg/kg	18.60	198.00	59.12	21.77	179.40	36.83	变异性中等

编号	元素	单位	最小值	最大值	平均值	标准差	极差	CV（%）	变异性
4	Cu	mg/kg	8.01	72.00	21.71	7.19	63.99	33.13	变异性中等
5	B	mg/kg	15.60	119.00	44.16	11.83	103.40	26.79	变异性中等
6	Mo	mg/kg	0.25	1.95	0.61	0.22	1.70	36.39	变异性中等

表3-10中可以看出，铁、锰、锌、铜、硼、钼微量元素的变异系数均在10%~40%，存在不同程度的变异性，但变异系数较小，说明研究区内表层土壤微量元素在水平方向的差异性较小。

②微量元素养分指标分级统计（表3-11）

研究区内表层土壤铁含量为0.98%~5.96%，平均值为3.8%。在土壤样品正态分布图中，铁的含量主要在2%~5.5%。按照《土地质量地球化学评价规范（DZ/T 0295—2016）》养分指标划分标准，表层土壤样品铁微量元素含量分为缺乏区占47.11%，较缺乏区占23.12%，中等区占12.43%，较丰富区占14.74%，丰富区占2.6%（图3-10）。

锰含量为122.00~784.00 mg/kg，平均值为518.58 mg/kg。在土壤样品正态分布图中，锰的含量主要在300~700 mg/kg。按照《土地质量地球化学评价规范（DZ/T 0295—2016）》养分指标划分标准，表层土壤样品锰微量元素含量分为缺乏区占20.23%，较缺乏区占31.50%，中等区占25.43%，较丰富区占19.94%，丰富区占2.89%（图3-11）。

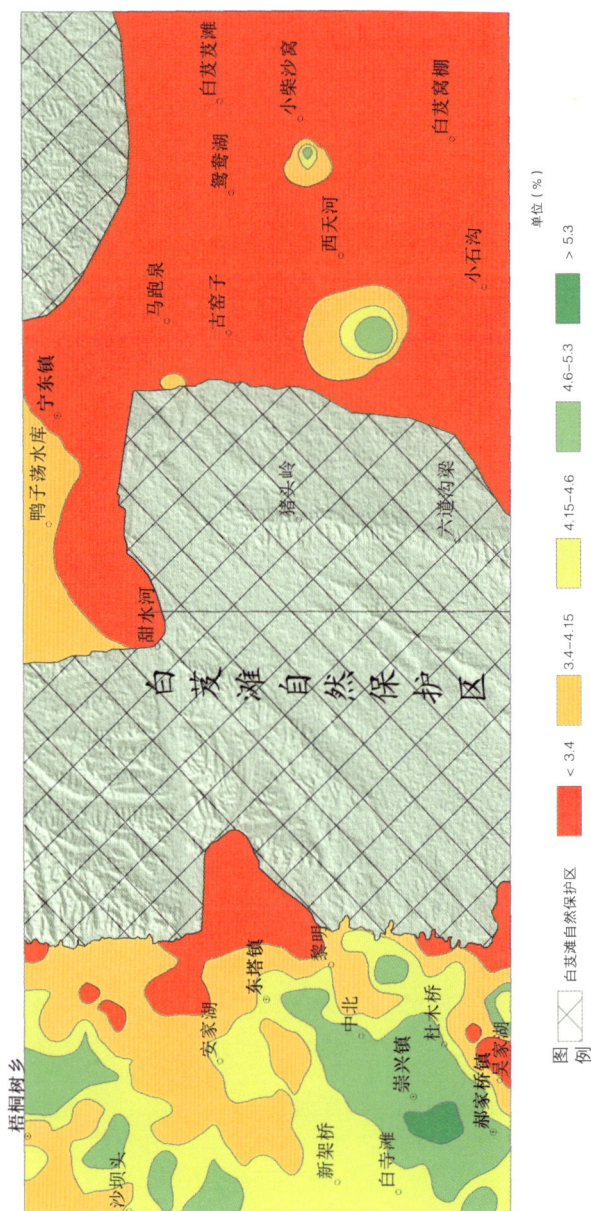

图3-10 铁微量元素指标等级划分区

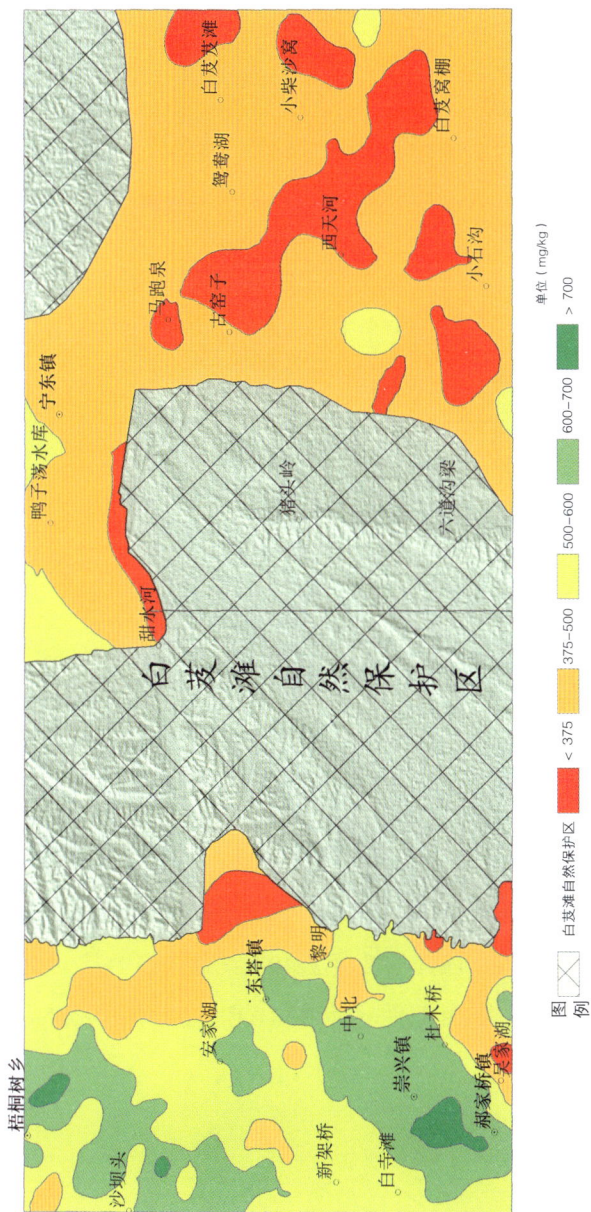

图3-11　锰微量元素指标等级划分区

图例

	白芨滩自然保护区

单位（mg/kg）

	< 375
	375~500
	500~600
	600~700
	> 700

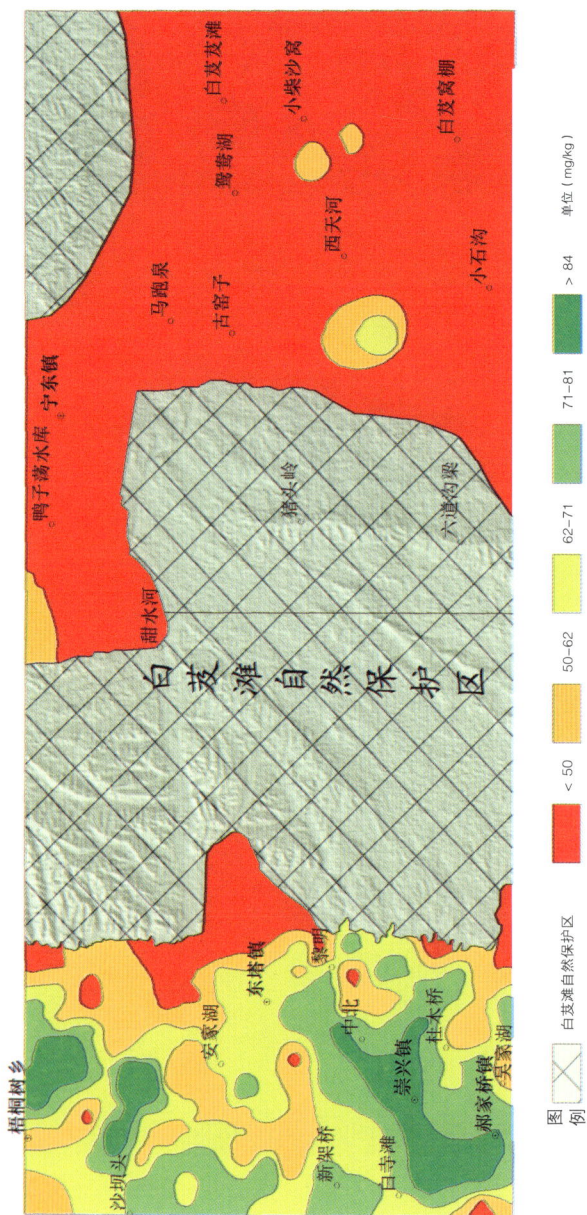

图3-12 锌微量元素指标等级划分分区

锌含量为18.60~198.00 mg/kg，平均值为59.12 mg/kg。在土壤样品正态分布图中，锌的含量主要在30~80 mg/kg。按照《土地质量地球化学评价规范（DZ/T 0295—2016）》养分指标划分标准，表层土壤样品锌微量元素含量分为缺乏区占50.87%，较缺乏区占14.74%，中等区占9.83%，较丰富区占18.50%，丰富区占6.07%（图3-12）。

表 3-11 表层土壤微量元素指标分级统计

指标	分级	一级（丰富）	二级（较丰富）	三级（中等）	四级（较缺乏）	五级（缺乏）	上限值
氧化铁	指标范围（%）	> 5.30	> 4.60~5.30	> 4.15~4.60	> 3.40~4.15	≤ 3.40	
	样品个数	9	51	43	80	163	
	比例	2.60%	14.74%	12.43%	23.12%	47.11%	
锰	指标范围（mg·kg^{-1}）	> 700	> 600~700	> 500~600	> 375~500	≤ 375	≥ 1 500
	样品个数	10	69	88	109	70	
	比例	2.89%	19.94%	25.43%	31.50%	20.23%	
锌	指标范围（mg·kg^{-1}）	> 84	> 71~84	> 62~71	> 50~62	≤ 50	≥ 200
	样品个数	21	64	34	51	176	
	比例	6.07%	18.50%	9.83%	14.74%	50.87%	
铜	指标范围（mg·kg^{-1}）	> 29	> 24~29	> 21~24	> 16~21	≤ 16	≥ 50
	样品个数	38	69	37	74	128	
	比例	10.98%	19.94%	10.69%	21.39%	36.99%	

指标	分级	一级 （丰富）	二级 （较丰富）	三级 （中等）	四级 （较缺乏）	五级 （缺乏）	上限值
硼	指标范围 （$mg \cdot kg^{-1}$）	> 65	> 55~ 65	> 45~ 55	> 30~ 45	≤ 30	≥ 3 000
	样品个数	9	31	90	164	52	
	比例	2.60%	8.96%	26.01%	47.40%	15.03%	
钼	指标范围 （$mg \cdot kg^{-1}$）	> 0.85	> 0.65~ 0.85	> 0.55~ 0.65	> 0.45~ 0.55	≤ 0.45	≥ 4
	样品个数	22	104	51	50	119	
	比例	6.36%	30.06%	14.74%	14.45%	34.39%	

铜含量为8.01~72.00 mg/kg，平均值为21.71 mg/kg。在土壤样品正态分布图中，铜的含量主要在10~35 mg/kg。按照《土地质量地球化学评价规范（DZ/T 0295—2016）》养分指标划分标准，表层土壤样品铜微量元素含量分为缺乏区占36.99%，较缺乏区占21.39%，中等区占10.69%，较丰富区占19.94%，丰富区占10.98%（图3-13）。

硼含量为15.60~119.00 mg/kg，平均值为44.16 mg/kg。在土壤样品正态分布图中，硼的含量主要在20~60 mg/kg。按照《土地质量地球化学评价规范（DZ/T 0295—2016）》养分指标划分标准，表层土壤样品硼微量元素含量分为缺乏区占15.03%，较缺乏区占47.40%，中等区占26.01%，较丰富区占8.96%，丰富区占2.60%（图3-14）。

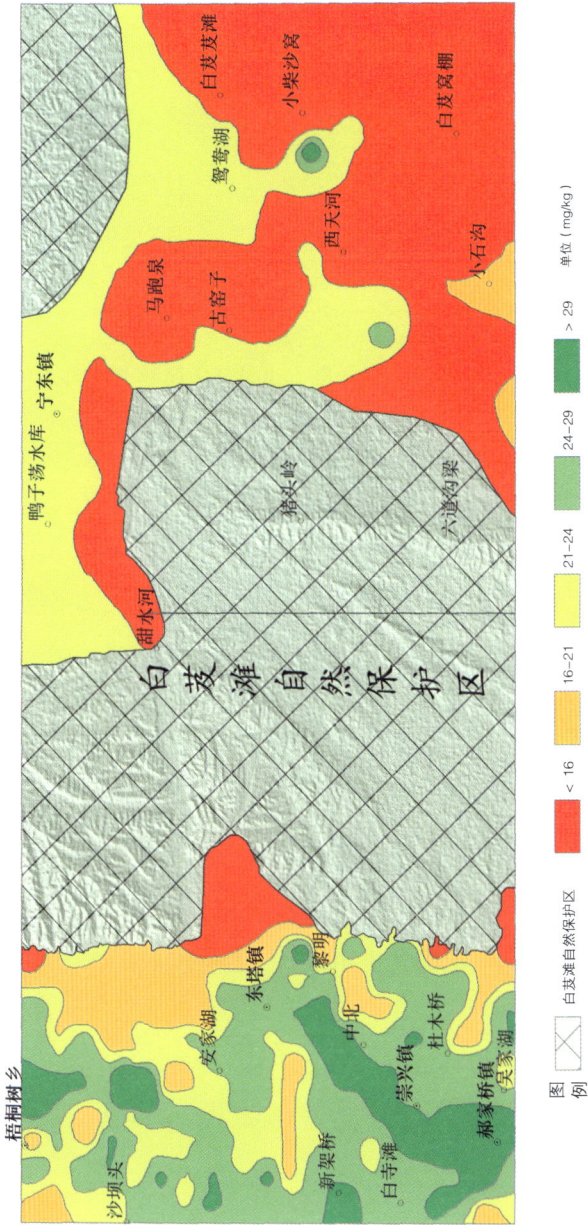

图3-13 铜微量元素指标等级划分分区

单位：（mg/kg）

< 16	16~21	21~24
24~29	> 29	

图例　白芨滩自然保护区

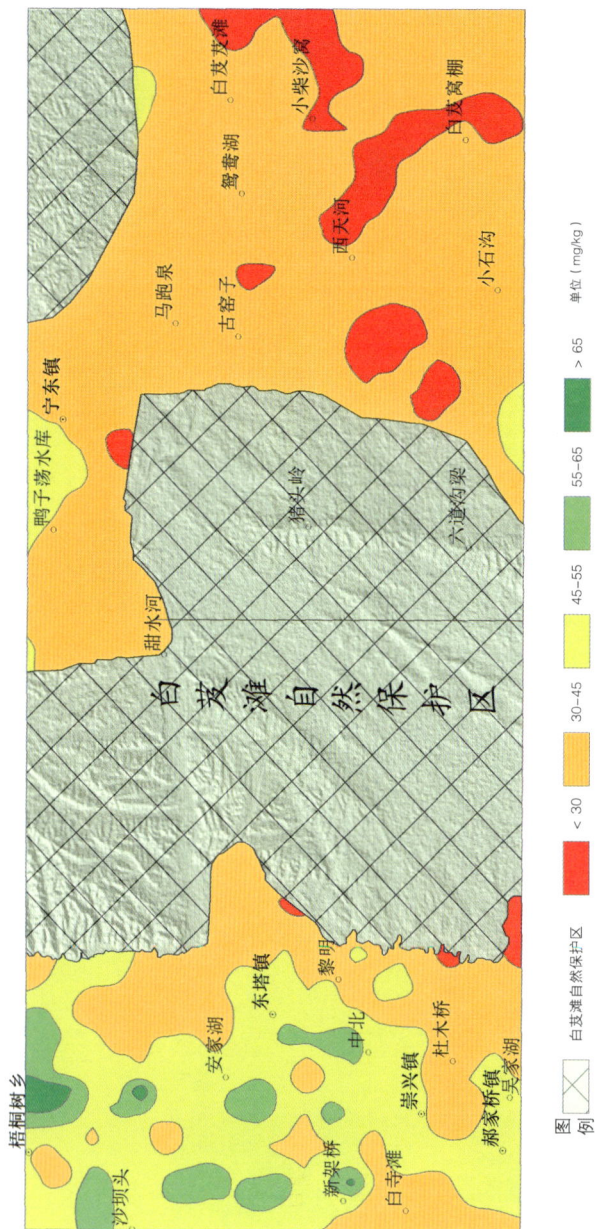

图3-14 硼微量元素指标等级划分分区

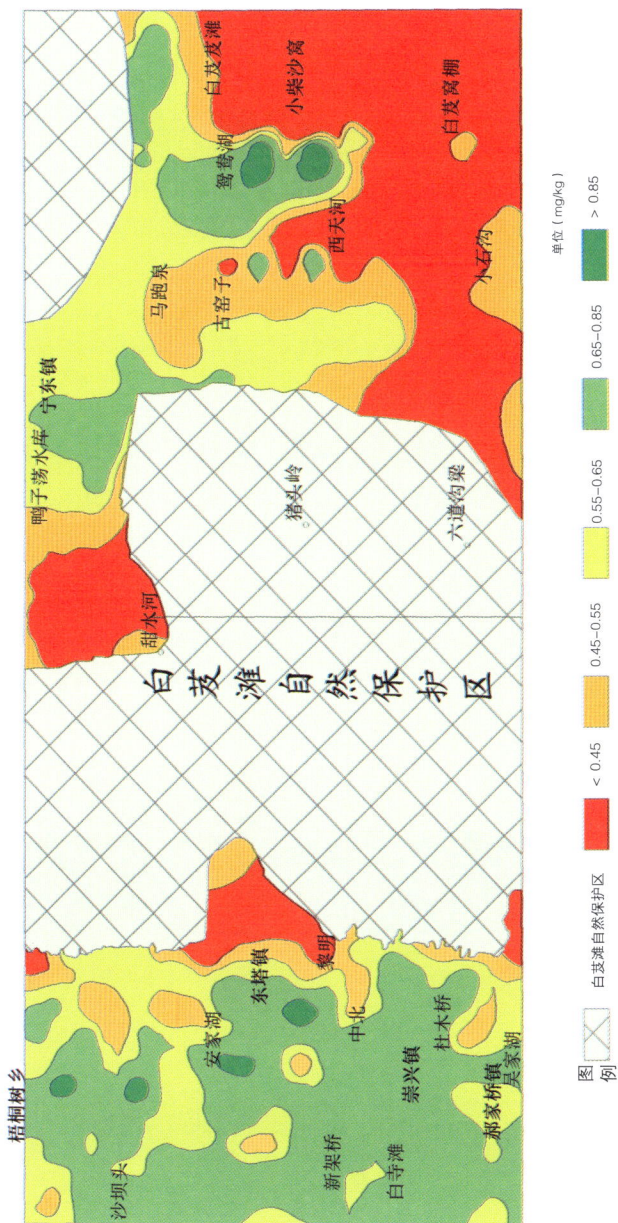

图3-15 钼微量元素指标等级划分分区

图例

白芨滩自然保护区

单位（mg/kg）

< 0.45

0.45～0.55

0.55～0.65

0.65～0.85

> 0.85

钼含量为0.25~1.95 mg/kg，平均值为0.61 mg/kg。在土壤样品正态分布图中，钼的含量主要在0.25~0.8 mg/kg。按照《土地质量地球化学评价规范（DZ/T 0295—2016）》养分指标划分标准，表层土壤样品钼微量元素含量分为缺乏区占34.39%，较缺乏区占14.45%，中等区占14.74%，较丰富区占30.06%，丰富区占6.36%（图3-15）。

表层土壤微量元素养分指标值分布频率见图3-16。

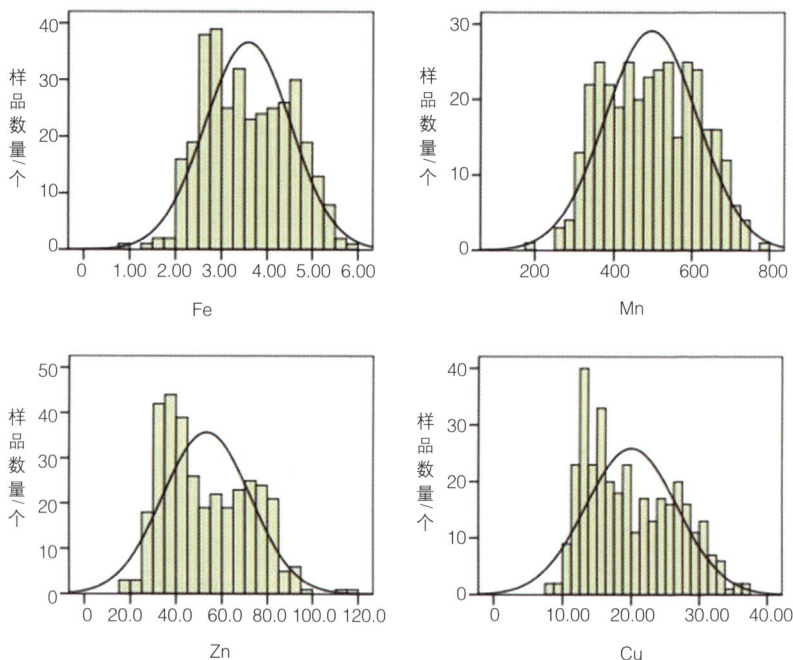

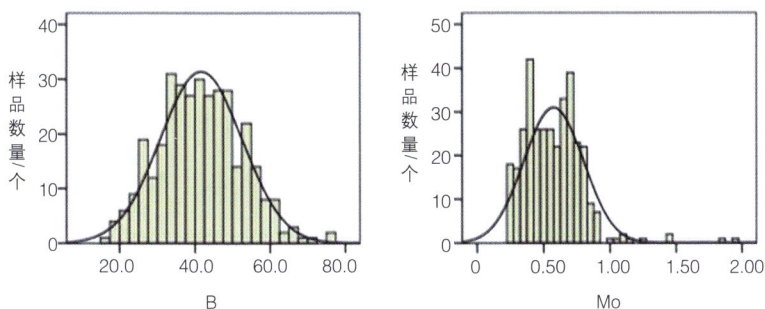

图3-16　表层土壤微量元素养分指标值分布频率图

③微量元素的相关性分析

将各元素数据进行标准差标准化后，对表层土壤的各养分元素之间进行相关性分析，其皮尔逊相关系数和双尾检验结果如表3-12所示。

表 3-12　表层土壤样品各微量元素之间的相关系数

		TFe	Mn	Zn	Cu	B	Mo
TFe	皮尔逊相关性	1					
Mn	皮尔逊相关性	0.948**	1				
Zn	皮尔逊相关性	0.842**	0.800**	1			
Cu	皮尔逊相关性	0.851**	0.812**	0.935**	1		
B	皮尔逊相关性	0.650**	0.687**	0.652**	0.680**	1	
Mo	皮尔逊相关性	0.678**	0.659**	0.642**	0.657**	0.657**	1

** 在 0.01 级别（双尾），相关性显著。

从表3-12中可以看出，铁、锰、锌、铜、硼、钼微量元素的相关性均为正相关，且铁与锰的相关性极强，在0.01级别水平上相关系数为0.948；铜与锌的相关性亦极强，在0.01级别水平上相关系数为0.935。

（2）埋深1 m土壤微量元素地球化学特征

①不同土壤元素统计

通过对埋深1 m处土壤样品的铁、锰、锌、铜、硼、钼微量元素进行统计分析，其含量的平均值分别为3.25%，464.87 mg/kg，47.06 mg/kg，18.06 mg/kg，42.68 mg/kg，0.56 mg/kg（表3-13）。

表 3-13　埋深 1m 土壤微量元素统计特征

编号	元素	单位	最小值	最大值	平均值	标准差	极差	CV（%）	变异性
1	TFe	%	1.50	5.12	3.25	0.84	3.62	25.88	变异性中等
2	Mn	mg/kg	174.00	748.00	464.87	126.01	574.00	27.11	变异性中等
3	Zn	mg/kg	21.00	78.80	47.06	15.13	57.80	32.14	变异性中等
4	Cu	mg/kg	9.25	32.20	18.06	5.65	22.95	31.30	变异性中等
5	B	mg/kg	20.90	81.20	42.68	12.85	60.30	30.12	变异性中等
6	Mo	mg/kg	0.26	1.01	0.56	0.20	0.75	35.60	变异性中等

表3-13中可以看出，铁、锰、锌、铜、硼、钼微量元素的变异系数均在20%~35%，存在不同程度的变异性，但变异系数较小，说明研究区内埋深1 m土壤微量元素在水平方向的差异性较小。

②微量元素养分指标分级统计

研究区内埋深1m土壤（表3-14，图3-17）铁含量为1.50%~5.12%，平均值为3.25%。在土壤样品正态分布图中，铁的含量主要在2%~5%。按照《土地质量地球化学评价规范（DZ/T 0295—2016）》养分指标划分标准，表层土壤样品铁微量元素含量分为缺乏区占64.79%，较缺乏区占16.9%，中等区占11.27%，较丰富区占7.04%。

锰含量为174.00~748.00 mg/kg，平均值为464.87 mg/kg。在土壤样品正态分布图中，锰的含量主要在300~700 mg/kg。按照《土地质量地球化学评价规范（DZ/T 0295—2016）》养分指标划分标准，表层土壤样品锰微量元素含量分为缺乏区占28.17%，较缺乏区占38.03%，中等区占14.08%，较丰富区占16.09%，丰富区占2.82%。

锌含量为21.00~78.80 mg/kg，平均值为47.06 mg/kg。在土壤样品正态分布图中，锌的含量主要在25~80 mg/kg。按照《土地质量地球化学评价规范（DZ/T 0295—2016）》养分指标划分标准，表层土壤样品锌微量元素含量分为缺乏区占64.79%，较缺乏区占14.08%，中等区占11.27%，较丰富区占9.86%。

铜含量为9.25~32.20 mg/kg，平均值为18.06 mg/kg。在土壤样品正态分布图中，铜的含量主要在10~25 mg/kg。按照《土地质量地球化学评价规范（DZ/T 0295—2016）》养分指标划分标准，表层土壤样品铜微量元素含量分为缺乏区占40.85%，较缺乏区占32.39%，中等区占9.86%，较丰富区占14.08%，丰富区占2.82%。

表 3-14　埋深 1m 土壤微量元素指标分级统计

指标	分级	一级 （丰富）	二级 （较丰富）	三级 （中等）	四级 （较缺乏）	五级 （缺乏）	上限值
氧化铁	指标范围（%）	> 5.30	> 4.60~5.30	> 4.15~4.60	> 3.40~4.15	≤ 3.40	
	样品个数	0	5	8	12	46	
	比例	0.00%	7.04%	11.27%	16.90%	64.79%	
锰	指标范围（mg·kg⁻¹）	> 700	> 600~700	> 500~600	> 375~500	≤ 375	≥ 1 500
	样品个数	2	12	10	27	20	
	比例	2.82%	16.90%	14.08%	38.03%	28.17%	
锌	指标范围（mg·kg⁻¹）	> 84	> 71~84	> 62~71	> 50~62	≤ 50	≥ 200
	样品个数	0	7	8	10	46	
	比例	0.00%	9.86%	11.27%	14.08%	64.79%	
铜	指标范围（mg·kg⁻¹）	> 29	> 24~29	> 21~24	> 16~21	≤ 16	≥ 50
	样品个数	2	10	7	23	29	
	比例	2.82%	14.08%	9.86%	32.39%	40.85%	
硼	指标范围（mg·kg⁻¹）	> 65	> 55~65	> 45~55	> 30~45	≤ 30	≥ 3 000
	样品个数	4	9	15	33	10	
	比例	5.63%	12.68%	21.13%	46.48%	14.08%	

指标	分级	一级 （丰富）	二级 （较丰富）	三级 （中等）	四级 （较缺乏）	五级 （缺乏）	上限值
钼	指标范围 （mg·kg⁻¹）	> 0.85	> 0.65~ 0.85	> 0.55~ 0.65	> 0.45~ 0.55	≤ 0.45	≥ 4
	样品个数	6	16	17	7	25	
	比例	8.45%	22.54%	23.94%	9.86%	35.21%	

硼含量为20.90~81.20 mg/kg，平均值为42.68 mg/kg。在土壤样品正态分布图中，硼的含量主要在22~64 mg/kg。按照《土地质量地球化学评价规范（DZ/T 0295—2016）》养分指标划分标准，表层土壤样品硼微量元素含量分为缺乏区占14.08%，较缺乏区占46.48%，中等区占21.13%，较丰富区占12.68%，丰富区占5.63%。

钼含量为0.26~1.01 mg/kg，平均值为0.56 mg/kg。在土壤样品正态分布图中，钼的含量主要在0.3~0.8 mg/kg。按照《土地质量地球化学评价规范（DZ/T 0295—2016）》养分指标划分标准，表层土壤样品钼微量元素含量分为缺乏区占35.21%，较缺乏区占9.86%，中等区占23.94%，较丰富区占22.54%，丰富区占8.45%。

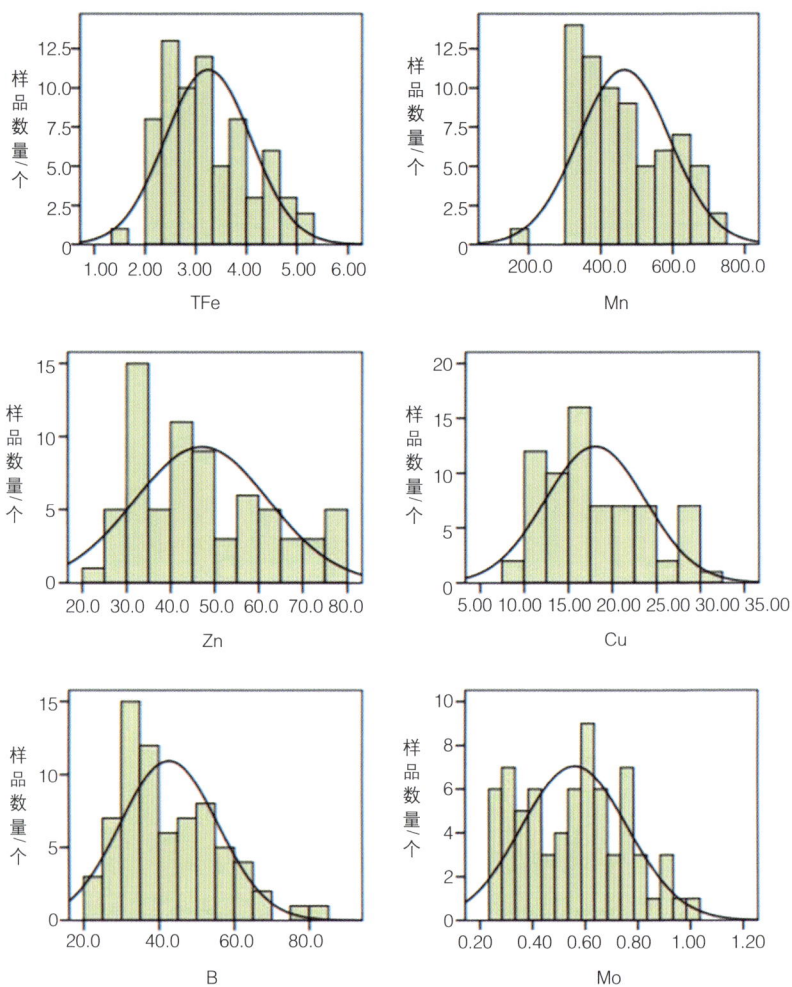

图3-17　埋深1m土壤微量元素养分指标值分布频率图

③微量元素的相关性分析

将各元素数据进行标准差标准化后，对表层土壤的各养分元素之间进行相关性分析，其皮尔逊相关系数和双尾检验结果如表3-15所示。

从表3-15中可以看出，铁、锰、锌、铜、硼、钼微量元素的相关性均为正相关，且铁与锰的相关性极强，在0.01级别水平上相关系数为0.978；锰与锌的相关性亦极强，在0.01级别水平上相关系数为0.931；锌与铜的相关性亦极强，在0.01级别水平上相关系数为0.973。

表 3-15　埋深 1m 土壤样品各微量元素之间的相关系数

		TFe	Mn	Zn	Cu	B	Mo
TFe	皮尔逊相关性	1					
Mn	皮尔逊相关性	0.978**	1				
Zn	皮尔逊相关性	0.963**	0.931**	1			
Cu	皮尔逊相关性	0.951**	0.919**	0.973**	1		
B	皮尔逊相关性	0.718**	0.726**	0.752**	0.747**	1	
Mo	皮尔逊相关性	0.788**	0.743**	0.813**	0.815**	0.669**	1

** 在 0.01 级别（双尾），相关性显著。

（3）埋深2 m 土壤微量元素地球化学特征

①不同土壤元素统计

通过对埋深2 m 处土壤样品的铁、锰、锌、铜、硼、钼微量元素进行统计分析，其含量的平均值分别为3.44%，488.10 mg/kg，49.87 mg/kg，19.51 mg/kg，37.97 mg/kg，0.67 mg/kg。

表3-16中可以看出，铁、锰、锌、铜、硼微量元素的变异系数均在20%~40%，存在不同程度的变异性，但变异系数较小，说明研究区内埋深2 m土壤铁、锰、锌、铜、硼微量元素在水平方向的差异性较小。钼的变异系数为62.53%，说明钼元素在土壤中水平差异性较大。

表 3-16　埋深 2 m 土壤微量元素统计特征

编号	元素	单位	最小值	最大值	平均值	标准差	极差	CV（%）	变异性
1	TFe	%	1.36	5.70	3.44	0.93	4.34	27.10	变异性中等
2	Mn	mg/kg	174.00	795.00	488.10	136.07	621.00	27.88	变异性中等
3	Zn	mg/kg	18.70	89.80	49.87	16.98	71.10	34.06	变异性中等
4	Cu	mg/kg	9.82	50.50	19.51	7.44	40.68	38.16	变异性中等
5	B	mg/kg	22.50	72.30	37.97	10.09	49.80	26.57	变异性中等
6	Mo	mg/kg	0.26	2.83	0.67	0.42	2.57	62.53	变异性中等

②微量元素养分指标分级统计（表3-17，图3-18）

研究区内埋深2 m土壤铁含量为1.36%~5.70%，平均值为3.44%。在土壤样品正态分布图中，铁的含量主要在2.5%~5%。按照《土地质量地球化学评价规范（DZ/T 0295—2016）》养分指标划分标准，表层土壤样品铁微量元素含量分为缺乏区占53.97%，较缺乏区占22.22%，中等区占7.94%，较丰富区占14.29%，丰富区占1.59%。

表3-17 埋深2m土壤微量元素指标分级统计

指标	分级	一级 （丰富）	二级 （较丰富）	三级 （中等）	四级 （较缺乏）	五级 （缺乏）	上限值
氧化铁	指标范围（%）	> 5.30	> 4.60~5.30	> 4.15~4.60	> 3.40~4.15	≤ 3.40	
	样品个数	1	9	5	14	34	
	比例	1.59%	14.29%	7.94%	22.22%	53.97%	
锰	指标范围（mg·kg^{-1}）	> 700	> 600~700	> 500~600	> 375~500	≤ 375	≥ 1 500
	样品个数	4	10	14	20	15	
	比例	6.35%	15.87%	22.22%	31.75%	23.81%	
锌	指标范围（mg·kg^{-1}）	> 84	> 71~84	> 62~71	> 50~62	≤ 50	≥ 200
	样品个数	2	8	7	7	39	
	比例	3.17%	12.70%	11.11%	11.11%	61.90%	
铜	指标范围（mg·kg^{-1}）	> 29	> 24~29	> 21~24	> 16~21	≤ 16	≥ 50
	样品个数	6	8	8	16	25	
	比例	9.52%	12.70%	12.70%	25.40%	39.68%	
硼	指标范围（mg·kg^{-1}）	> 65	> 55~65	> 45~55	> 30~45	≤ 30	≥ 3 000
	样品个数	1	2	10	35	15	
	比例	1.59%	3.17%	15.87%	55.56%	23.81%	

续表

指标	分级	一级 （丰富）	二级 （较丰富）	三级 （中等）	四级 （较缺乏）	五级 （缺乏）	上限值
钼	指标范围 （mg·kg^{-1}）	> 0.85	> 0.65~ 0.85	> 0.55~ 0.65	> 0.45~ 0.55	≤ 0.45	≥ 4
	样品个数	10	15	9	7	22	
	比例	15.87%	23.81%	14.29%	11.11%	34.92%	

锰含量为174.00~795.00 mg/kg，平均值为488.10 mg/kg。在土壤样品正态分布图中，锰的含量主要在300~700 mg/kg。按照《土地质量地球化学评价规范（DZ/T 0295—2016）》养分指标划分标准，表层土壤样品锰微量元素含量分为缺乏区占23.81%，较缺乏区占31.75%，中等区占22.22%，较丰富区占15.87%，丰富区占6.35%。

锌含量为18.70~89.80 mg/kg，平均值为49.87 mg/kg。在土壤样品正态分布图中，锌的含量主要在30~80 mg/kg。按照《土地质量地球化学评价规范（DZ/T 0295—2016）》养分指标划分标准，表层土壤样品锌微量元素含量分为缺乏区占61.90%，较缺乏区占11.11%，中等区占11.11%，较丰富区占12.70%，丰富区占3.17%。

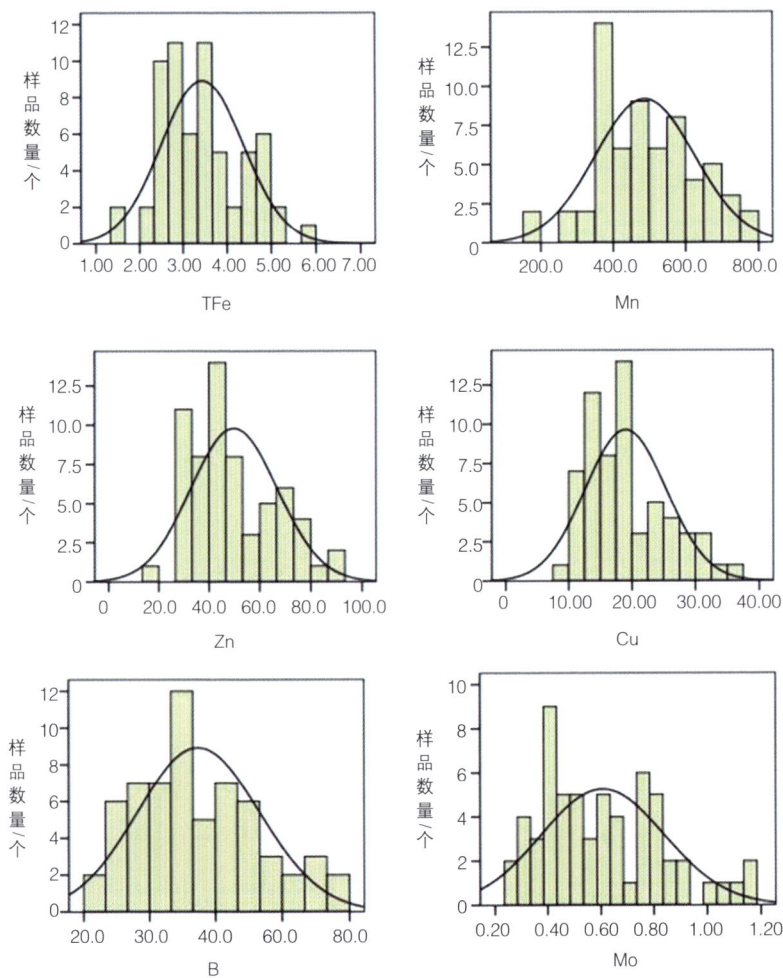

图3-18　埋深2m土壤微量元素养分指标值分布频率图

铜含量为9.82~50.50 mg/kg，平均值为19.51 mg/kg。在土壤样品正态分布图中，铜的含量主要在10~30 mg/kg。按照《土地质量地球化学评价规范（DZ/T 0295—2016）》养分指标划分标准，表层土壤样品铜微量元素含量分为缺乏区占39.68%，较缺乏区占25.40%，中等区占12.70%，较丰富区占12.70%，丰富区占9.52%。

硼含量为22.50~72.30 mg/kg，平均值为37.97 mg/kg。在土壤样品正态分布图中，硼的含量主要在25~50 mg/kg。按照《土地质量地球化学评价规范（DZ/T 0295—2016）》养分指标划分标准，表层土壤样品硼微量元素含量分为缺乏区占23.81%，较缺乏区占55.56%，中等区占15.87%，较丰富区占3.17%，丰富区占1.59%。

钼含量为0.26~2.83 mg/kg，平均值为0.67 mg/kg。在土壤样品正态分布图中，钼的含量主要在0.3~0.9 mg/kg。按照《土地质量地球化学评价规范（DZ/T 0295—2016）》养分指标划分标准，表层土壤样品钼微量元素含量分为缺乏区占34.92%，较缺乏区占11.11%，中等区占14.29%，较丰富区占23.81%，丰富区占15.87%。

③微量元素的相关性分析

将各元素数据进行标准差标准化后，对表层土壤的各养分元素之间进行相关性分析，其皮尔逊相关系数和双尾检验结果如表3-18所示。

从表3-18中可以看出，铁、锰、锌、铜、硼、钼微量元素的相关性均为正相关，且铁与锰的相关性极强，在0.01级别水平上相关系数为0.959；锰与锌的相关性亦极强，在0.01级别水平上相关系数为0.915；钼与锰、铜、硼相关性较差，最小系数为0.350。

表3-18　埋深2m土壤样品各微量元素之间的相关系数

		TFe	Mn	Zn	Cu	B	Mo
TFe	皮尔逊相关性	1					
Mn	皮尔逊相关性	0.959**	1				
Zn	皮尔逊相关性	0.967**	0.915**	1			
Cu	皮尔逊相关性	0.881**	0.844**	0.893**	1		
B	皮尔逊相关性	0.615**	0.650**	0.648**	0.565**	1	
Mo	皮尔逊相关性	0.426**	0.350**	0.426**	0.398**	0.436**	1

** 在 0.01 级别（双尾），相关性显著。

④土壤微量元素垂向地球化学特征

研究区土壤微量元素的分布无明显的变化特征，由表层至下部，含量相近（见图3-19）。但在白茇窝棚一带，铁元素、锰元素、锌元素、铜元素的垂向含量分布差异较大，由表层至下部，上述四种微量元素的含量是逐渐升高。

Fe 元素含量

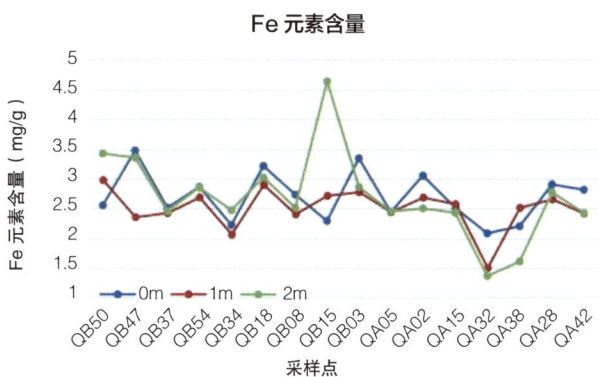

Mn 元素含量

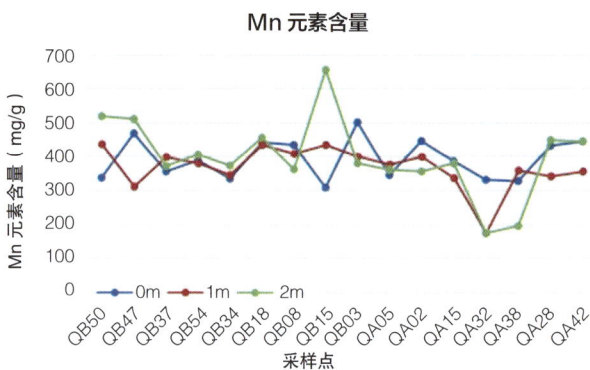

Zn 元素含量

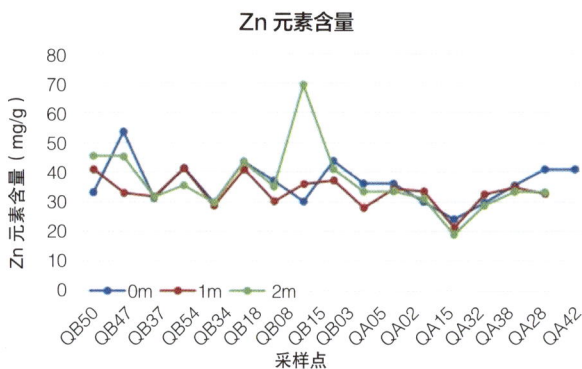

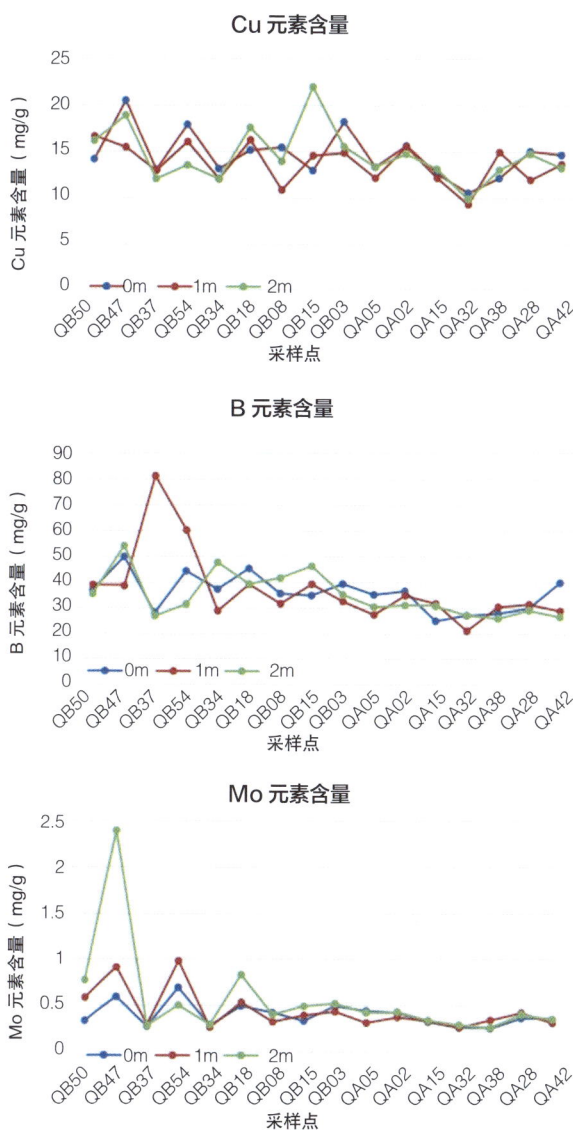

图3-19　土壤微量元素垂向含量示意图

3.1.3 土壤硒、碘、氟微量营养元素地球化学特征

（1）表层土壤微量元素地球化学特征

①不同土壤元素统计

通过对表层土壤样品的硒、碘、氟微量营养元素进行统计分析，其含量的平均值分别为0.16 mg/kg，1.40 mg/kg，469.56 mg/kg。

从表3-19中可以看出，硒、碘的变异系数较大，在50%左右，说明此两种微量营养元素在表层土壤水平分布差异性较大。

3-19 表层土壤微量营养元素统计特征

编号	元素	单位	最小值	最大值	平均值	标准差	极差	CV（%）	变异性
1	Se	mg/kg	0.05	0.85	0.16	0.07	0.80	46.82	变异性中等
2	I	mg/kg	0.32	4.77	1.40	0.73	4.45	52.10	变异性中等
3	F	mg/kg	162.00	940.00	469.56	161.25	778.00	34.34	变异性中等

②微量营养元素养分指标分级统计（表3-20）

研究区内表层土壤硒含量为0.05~0.85 mg/kg，平均值为0.16 mg/kg。在土壤样品正态分布图中，硒的含量主要在0.05~0.25 mg/kg。按照《土地质量地球化学评价规范（DZ/T 0295—2016）》养分指标划分标准，表层土壤样品硒微量营养元素含量分为缺乏区占43.06%，边缘区占24.86%，适量区占30.64%，高区占1.45%，无过剩区（图3-20）。

碘含量为0.32~4.77 mg/kg，平均值为1.10 mg/kg。在土壤样品正态分布图中，碘的含量主要在0.4~2.1 mg/kg。按照《土地质量地

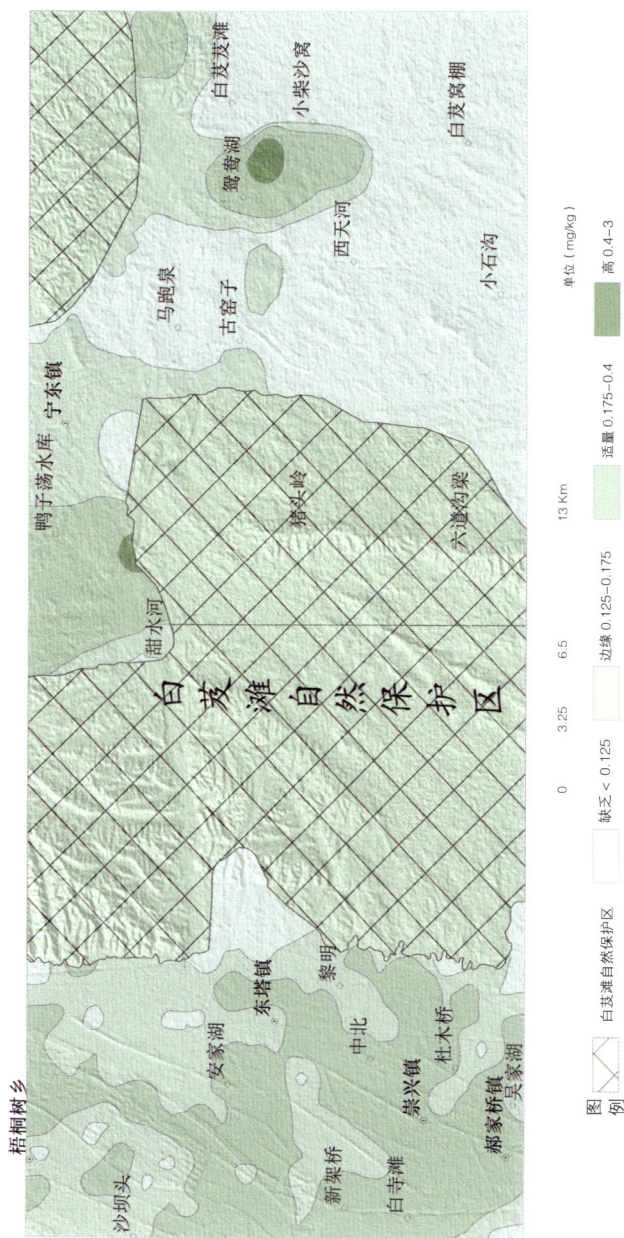

图3-20　硒微量营养元素指标等级划分分区

图例

白芨滩自然保护区

缺乏 < 0.125

边缘 0.125-0.175

适量 0.175-0.4

单位（mg/kg）

高 0.4-3

0　　3.25　　6.5　　13 Km

球化学评价规范（DZ/T 0295—2016）》养分指标划分标准，表层土壤样品碘微量营养元素含量分为缺乏区占37.57%，边缘区占28.03%，适量区占34.39%，无高含量区及过剩区（图3-21）。

表 3-20　表层土壤微量营养元素指标分级统计

指标		缺乏	边缘	适量	高	过剩
硒	指标范围（$mg \cdot kg^{-1}$）	≤ 0.125	0.125~0.175	0.175~0.40	0.40~3.0	> 3.0
	样品个数	149	86	106	5	0
	比例	43.06%	24.86%	30.64%	1.45%	0.00%
碘	指标范围（$mg \cdot kg^{-1}$）	≤ 1	1~1.50	1.50~5	5~100	>100
	样品个数	130	97	119	0	0
	比例	37.57%	28.03%	34.39%	0.00%	0.00%
氟	指标范围（$mg \cdot kg^{-1}$）	≤ 400	400~500	500~550	550~700	> 700
	样品个数	158	55	34	90	9
	比例	45.66%	15.90%	9.83%	26.01%	2.60%

氟含量为162.00~940.00 mg/kg，平均值为469.56 mg/kg。在土壤样品正态分布图中，氟的含量主要在200~700 mg/kg。按照《土地质量地球化学评价规范（DZ/T 0295—2016）》养分指标划分标准，表层土壤样品氟微量营养元素含量分为缺乏区占45.66%，边缘区占15.90%，适量区占9.83%，高含量区占26.01%，过剩区占2.60%（图3-22）。

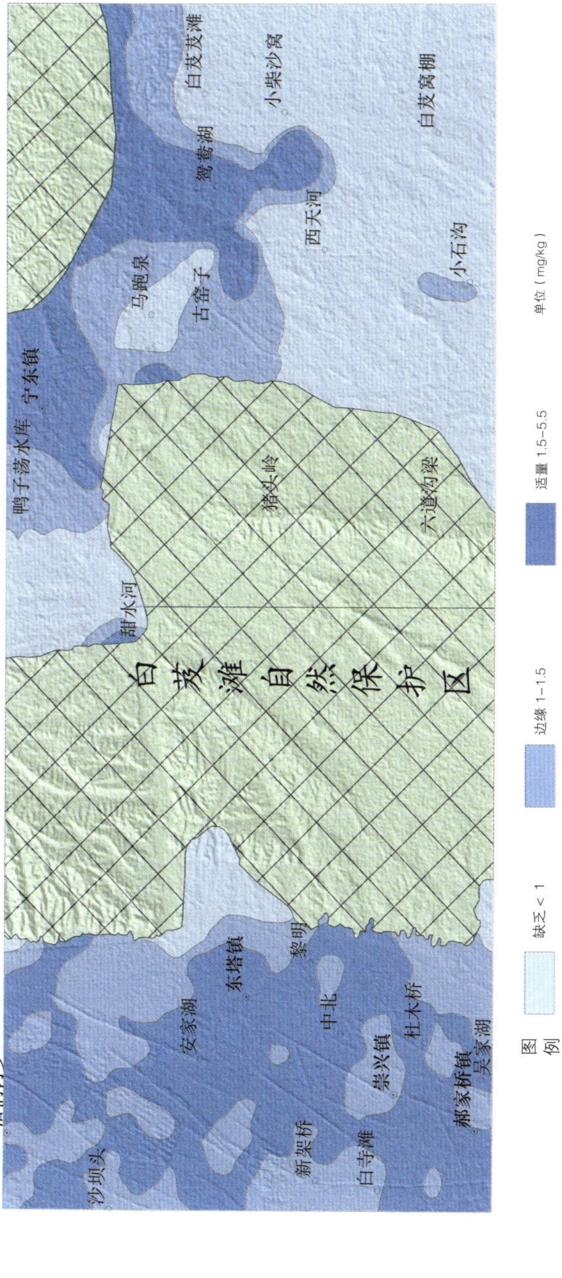

图3-21 碘微量营养元素指标等级划分分区

图例

缺乏 < 1 边缘 1-1.5 适量 1.5-5.5

单位（mg/kg）

图3-22 氟微量营养元素指标等级划分分区

表层土壤微量营养元素养分指标值分布频率见图3-23。

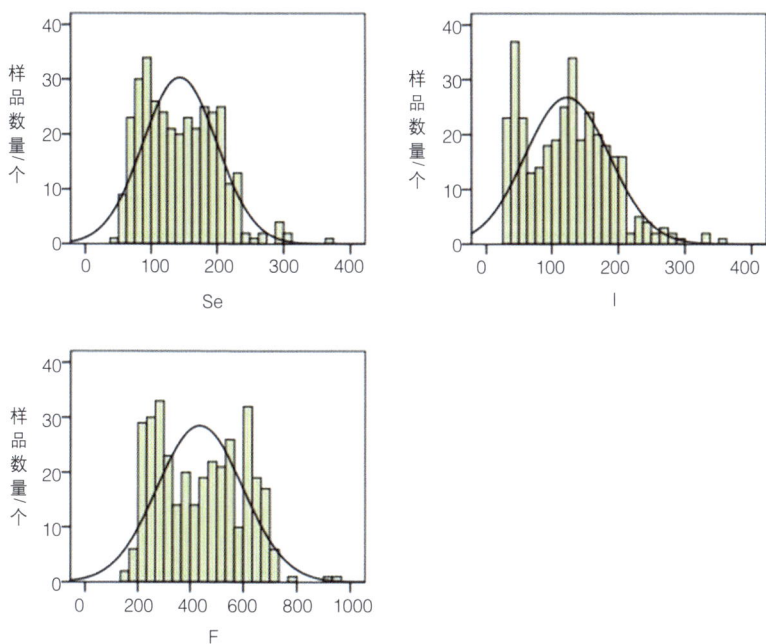

图3-23　表层土壤微量营养元素养分指标值分布频率图

③微量营养元素的相关性分析

将各元素数据进行标准差标准化后，对表层土壤的各养分元素之间进行相关性分析，其皮尔逊相关系数和双尾检验结果如表3-21所示。

表 3-21　表层土壤样品各微量营养元素之间的相关系数

		Se	I	F
Se	皮尔逊相关性	1		
I	皮尔逊相关性	0.471**	1	
F	皮尔逊相关性	0.518**	0.627**	1

**. 在 0.01 级别（双尾），相关性显著。

从表3-21中可以看出，硒、碘、氟微量营养元素的相关性均为正相关，其中碘与氟在0.01级别水平上的相关性较强一些，相关系数为0.627，其余微量营养元素的相关性较弱。

（2）埋深1 m 土壤微量营养元素地球化学特征

①不同土壤元素统计（表3-22）

通过对表层土壤样品的硒、碘、氟微量营养元素进行统计分析，其含量的平均值分别为0.12 mg/kg，1.25 mg/kg，405.15 mg/kg。

3-22　埋深 1 m 土壤微量营养元素统计特征

编号	元素	单位	最小值	最大值	平均值	标准差	极差	CV（%）	变异性
1	Se	mg/kg	0.04	0.30	0.12	0.04	0.26	34.76	变异性中等
2	I	mg/kg	0.20	3.73	1.25	0.69	3.53	55.47	变异性中等
3	F	mg/kg	164.00	720.00	405.15	142.21	556.00	35.10	变异性中等

从表3-22中可以看出，碘的变异系数较大，为55.47%，说明

此微量营养元素在表层土壤水平分布差异性较大。其余两种微量营养元素在表层土壤水平分布差异略小。

②微量营养元素养分指标分级统计（表3-23，图3-24）

研究区内埋深1m土壤硒含量为0.04~0.30mg/kg，平均值为0.12mg/kg。在土壤样品正态分布图中，硒的含量主要在0.06~0.16mg/kg。按照《土地质量地球化学评价规范（DZ/T 0295—2016）》养分指标划分标准，表层土壤样品硒微量营养元素含量分为缺乏区占59.15%，边缘区占33.80%，适量区占7.04%，无高含量区及过剩区。

碘含量为0.20~3.73mg/kg，平均值为1.25mg/kg。在土壤样品正态分布图中，碘的含量主要在0.3~2.1mg/kg。按照《土地质量地球化学评价规范（DZ/T 0295—2016）》养分指标划分标准，表层土壤样品碘微量营养元素含量分为缺乏区占33.80%，边缘区占40.85%，适量区占25.35%，无高含量区及过剩区。

表 3-23　埋深 1 m 土壤微量营养元素指标分级统计

指标		缺乏	边缘	适量	高	过剩
硒	指标范围（mg·kg^{-1}）	≤ 0.125	0.125~0.175	0.175~0.40	0.40~3.0	> 3.0
	样品个数	42	24	5	0	0
	比例	59.15%	33.80%	7.04%	0.00%	0.00%
碘	指标范围（mg·kg^{-1}）	≤ 1	1~1.50	1.50~5	5~100	>100
	样品个数	24	29	18	0	0
	比例	33.80%	40.85%	25.35%	0.00%	0.00%

指标		缺乏	边缘	适量	高	过剩
氟	指标范围（mg·kg⁻¹）	≤ 400	400~500	500~550	550~700	> 700
	样品个数	35	18	4	13	1
	比例	49.30%	25.35%	5.63%	18.31%	1.41%

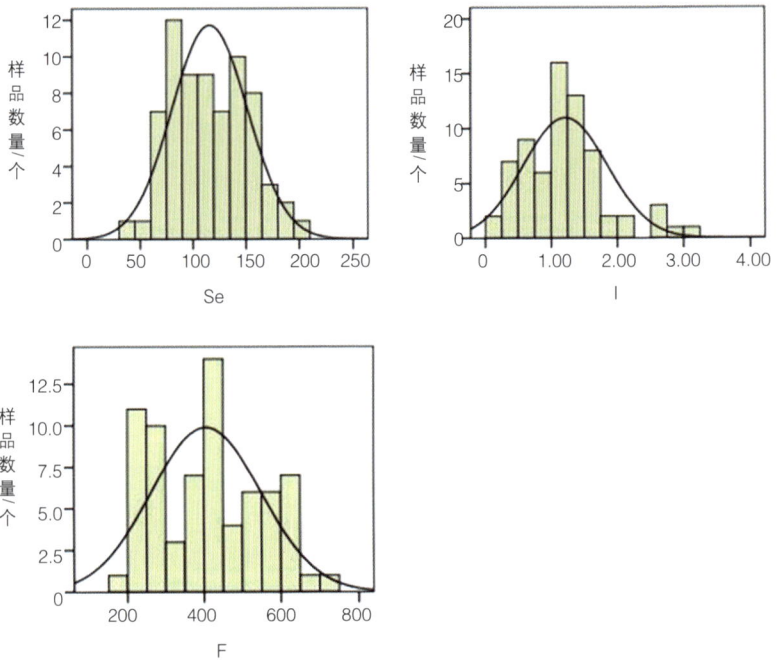

图3-24 埋深1m土壤微量营养元素养分指标值分布频率图

氟含量为164.00~720.00 mg/kg，平均值为405.15 mg/kg。在土壤样品正态分布图中，氟的含量主要在200~650 mg/kg。按照《土地质量地球化学评价规范（DZ/T 0295—2016）》养分指标划分标准，表层土壤样品氟微量营养元素含量分为缺乏区占49.30%，边缘区占25.35%，适量区占5.36%，高含量区占18.31%，过剩区占1.41%。

③微量营养元素的相关性分析

将各元素数据进行标准差标准化后，对表层土壤的各养分元素之间进行相关性分析，其皮尔逊相关系数和双尾检验结果如表3-24所示。

表3-24　埋深1m土壤样品各微量营养元素之间的相关系数

		Se	I	F
Se	皮尔逊相关性	1		
I	皮尔逊相关性	0.413**	1	
F	皮尔逊相关性	0.698**	0.628**	1

** 在 0.01 级别（双尾），相关性显著。

从表3-24中可以看出，硒、碘、氟微量营养元素的相关性均为正相关，其中硒与氟在0.01级别水平上的相关性较强一些，相关系数为0.698；碘与氟在0.01级别水平上的相关性也较强，相关系数为0.628。

（3）埋深2 m土壤微量营养元素地球化学特征

①不同土壤元素统计（表3-25）

通过对表层土壤样品的硒、碘、氟微量营养元素进行统计分析，其含量的平均值分别为0.12 mg/kg，1.25 mg/kg，405.15 mg/kg。

表 3-25　埋深 2 m 土壤微量营养元素统计特征

编号	元素	单位	最小值	最大值	平均值	标准差	极差	CV（％）	变异性
1	Se	mg/kg	0.04	0.24	0.12	0.04	0.19	34.03	变异性中等
2	I	mg/kg	0.36	4.08	1.50	0.74	3.72	49.63	变异性中等
3	F	mg/kg	121.00	760.00	396.95	126.24	639.00	31.80	变异性中等

从表3-25中可以看出，碘的变异系数较大，为49.63%，说明此微量营养元素在表层土壤水平分布差异性较大。其余两种微量营养元素在表层土壤水平分布差异略小。

②微量营养元素养分指标分级统计（表3-26，图3-25）

研究区内埋深2 m土壤硒含量为0.05~0.85 mg/kg，平均值为0.16 mg/kg。在土壤样品正态分布图中，硒的含量主要在0.05~0.15 mg/kg。按照《土地质量地球化学评价规范（DZ/T 0295—2016）》养分指标划分标准，表层土壤样品硒微量营养元素含量分为缺乏区占65.08%，边缘区占28.57%，适量区占6.35%，无高含量区及过剩区。

表 3-26 埋深 2 m 土壤微量营养元素指标分级统计

	指标	缺乏	边缘	适量	高	过剩
硒	指标范围 （mg·kg⁻¹）	≤ 0.125	0.125~0.175	0.175~ 0.40	0.40~ 3.0	> 3.0
	样品个数	41	18	4	0	0
	比例	65.08%	28.57%	6.35%	0.00%	0.00%
碘	指标范围 （mg·kg⁻¹）	≤ 1	1~1.50	1.50~5	5~100	>100
	样品个数	20	14	29	0	0
	比例	31.75%	22.22%	46.03%	0.00%	0.00%
氟	指标范围 （mg·kg⁻¹）	≤ 400	400~500	500~550	550~700	> 700
	样品个数	35	14	8	5	1
	比例	55.56%	22.22%	12.70%	7.94%	1.59%

碘含量为 0.32~4.77 mg/kg，平均值为 1.40 mg/kg。在土壤样品正态分布图中，碘的含量主要在 0.4~2.6 mg/kg。按照《土地质量地球化学评价规范（DZ/T 0295—2016）》养分指标划分标准，表层土壤样品碘微量营养元素含量分为缺乏区占 31.75%，边缘区占 22.22%，适量区占 46.03%，无高含量区及过剩区。

氟含量为 162.00~940.00 mg/kg，平均值为 469.56 mg/kg。在土壤样品正态分布图中，氟的含量主要在 200~550 mg/kg。按照《土地质量地球化学评价规范（DZ/T 0295—2016）》养分指标划分标准，表层土壤样品氟微量营养元素含量分为缺乏区占 55.56%，边缘区占

22.22%，适量区占12.70%，高含量区占7.94%，过剩区占1.59%。

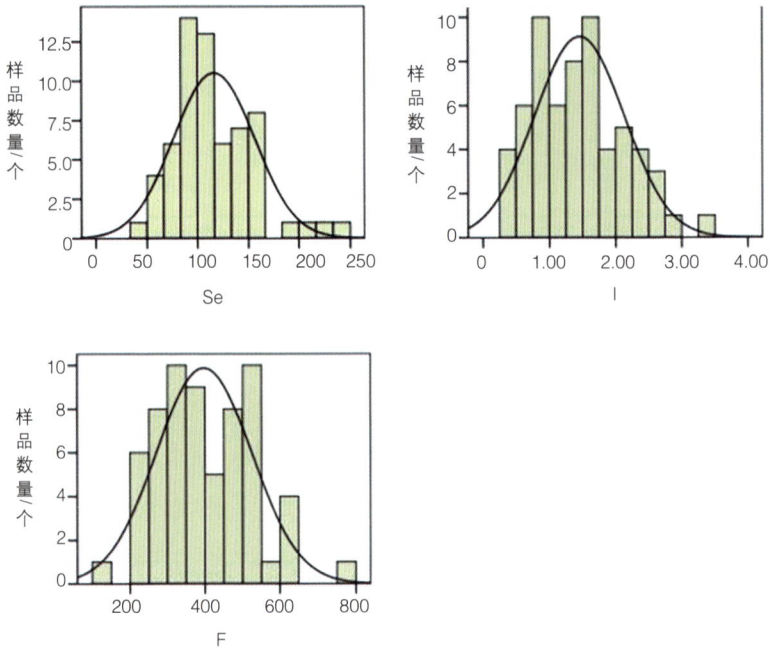

图3-25　埋深2m土壤微量营养元素养分指标值分布频率图

③微量营养元素的相关性分析

将各元素数据进行标准差标准化后，对表层土壤的各养分元素之间进行相关性分析，其皮尔逊相关系数和双尾检验结果如表3-27所示。

表 3-27 埋深 2 m 土壤样品各微量营养元素之间的相关系数

		Se	I	F
Se	皮尔逊相关性	1		
I	皮尔逊相关性	0.539**	1	
F	皮尔逊相关性	0.714**	0.676**	1

** 在 0.01 级别（双尾），相关性显著。

从表3-27中可以看出，硒、碘、氟微量营养元素的相关性均为正相关，其中硒与氟在0.01级别水平上的相关性较强一些，相关系数为0.714；碘与氟在0.01级别水平上的相关性也较强，相关系数为0.676。

④土壤微量营养元素垂向地球化学特征

硒元素的垂向含量分布较为规律，大面积的规律是由表层至下部，含量逐渐降低，在鸳鸯湖一带的硒元素垂向含量与之相反，是由下部往表层逐渐降低。碘元素含量也较为规律，由土壤表层至下部，逐渐升高，且含量的差异性较大。氟元素含量的垂向变化也是由土壤的表层至下部逐渐升高，但氟元素的垂向含量差异性较小，有些地段的氟元素含量由土壤表层至下部，几乎无变化（图3-26）。

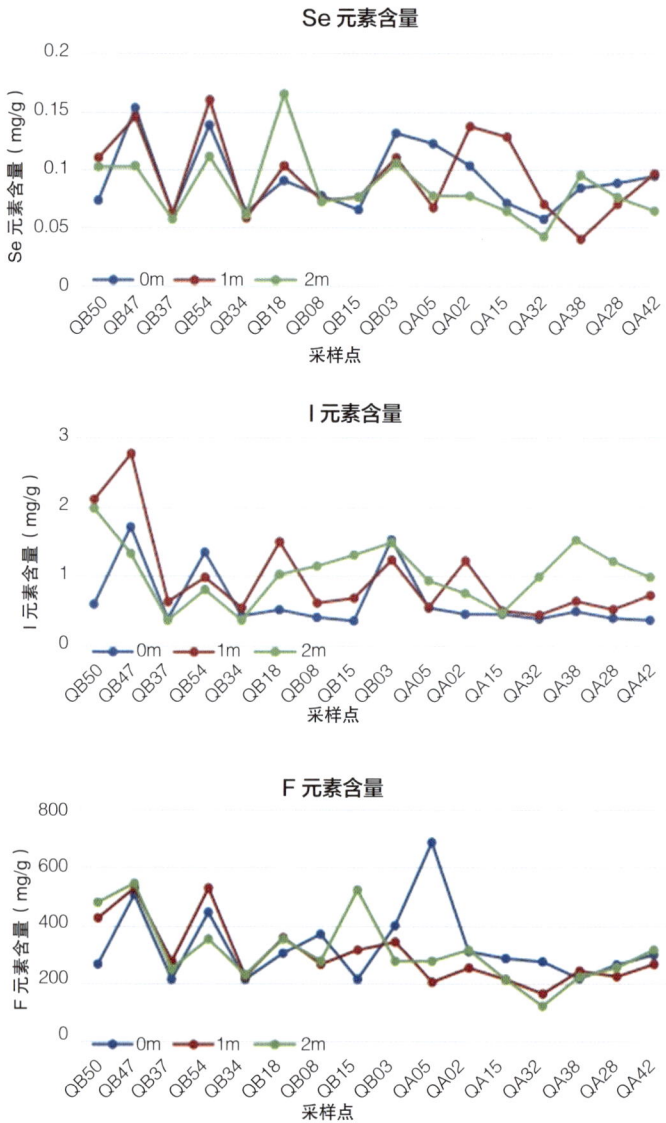

图3-26 土壤微量营养元素垂向含量示意图

3.1.4 土壤养分地球化学综合等级

在氮、磷、钾土壤单指标养分地球化学等级划分基础上，按照下面公式计算土壤养分地球化学综合得分 $f_{养综}$。

式中：
$$f_{养综} = \sum_{i=1}^{n} k_i f_i$$

$f_{养综}$——土壤氮、磷、钾评价总得分，$1 \leqslant f_{养综} \leqslant 5$；

k_i——氮、磷、钾权重系数，分别为0.4、0.4和0.2；

f_i——土壤氮、磷、钾的单元素等级得分，单指标评价结果为五等、四等、三等、二等、一等所对应的 f_i 得分分别为1分、2分、3分、4分、5分。

通过公式计算，经过对表层土壤氮、磷、钾三种营养元素等级得分的叠加，最终形成表层土壤养分地球化学综合等级分区图，见图3-27。

3.2 土壤环境地球化学特征与等级

3.2.1 土壤重金属元素地球化学特征

本次研究按照《土壤环境质量农用地土壤污染风险管控标准》（试行）（GB15618—2018），将研究区内的土壤砷、镉、铬、铅、镍、汞等6项重金属元素作为环境影响元素进行分布特征揭示。

（1）表层土壤重金属元素地球化学特征

表层土壤中，重金属元素砷、镉、铬、铅、镍、汞的地球化学参数如表3-28所示，最小值和最大值采自原始数据，平均值和标准差为经平均值加减3倍标准差反复剔除后的计算结果。下面分别讨

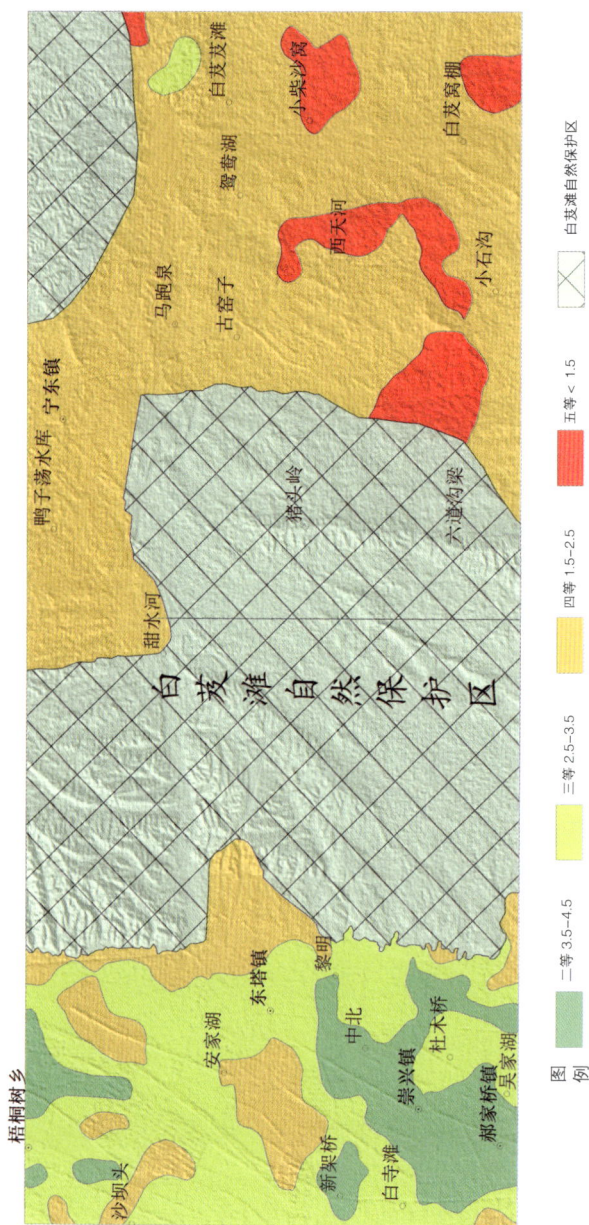

图3-27　表层土壤养分地球化学综合等级分区图

图例

一等 3.5-4.5　二等 2.5-3.5　三等 1.5-2.5　四等 1.5-2.5　五等＜1.5　白芨滩自然保护区

论各重金属元素在研究区内表层土壤中地球化学分布状况。

表3-28　表层土壤中重金属元素的地球化学参数值

元素名称（浅层）	累计频率25%	累计频率75%	最小值	最大值	平均值（剔除后）	标准差（剔除后）
砷	9.14	12.60	4.37	15.6	9.46	2.84
镉	0.142	0.267	0.043	0.475	0.126	65.26
铬	59.4	70.1	28.7	98.3	54.13	12.39
铅	20.29	26.08	13.5	65.2	18.28	3.37
镍	24.4	32.2	12.8	41.3	23.25	6.63
汞	20.8	54.5	4.66	162	22.40	13.29

①砷的地球化学特征

研究区内表层土壤中砷的含量范围为4.37~15.6，剔除离群值点后平均值为10.69，剔除后标准差为2.40。砷的含量分布较为分散，高低背景区呈相间分布。

研究区内土壤砷元素在区域分布上具有明显的地域性，即按照地质地貌单元来分级。在丘陵山区及山前洪积扇，主要是低含量背景区。在冲湖积平原，为高含量背景区。

砷的含量高背景（ > 12.60，即全部样品累计频率 > 75% 的样品区，下同）分布区域为：

杨洪桥至梧桐树一线，郝家桥至东塔乡一线，呈现南西北东走向的平原区。表层土壤以粘性土为主，局部为湖沼相淤泥层，属全新世冲湖积地层，土壤类型为灌淤土。

具体分布在杨洪桥乡—杨洪桥五队及东部—沙坝头八队以东—梧桐树乡及以南；呈现零星分布特征。郝家桥乡至东塔乡呈现条带状分布，宽度约6 km。占平原区约一半的面积。

砷的含量低背景（<9.14，即全部样品累计频率<25%的样品区，下同）的分布区域为：

中部灵盐台地区域，土壤类型以风沙土为主。研究区东北部零星分布。

②镉的地球化学特征

研究区内地表层土壤中镉的含量范围为0.043~3.86，剔除离群值点后平均值为0.21，标准差为0.25。

镉的含量高背景（>0.267）主要分布于以下几个区域：

冲湖积平原，地质背景为全新世冲湖积地层，土壤类型以灌淤土为主。在人为因素影响下，成为镉含量分布的高背景区，需要防止土壤镉的污染和污染迁移所带来的生态环境问题。

具体分布在灵武市西北的灵武农场一站—杨洪桥—杨洪桥五队—梧桐树三队—农场三站五队以南呈零星点状分布，县城以南的龙三—郝家桥乡—崇兴镇—东塔乡果园村—再生资源循环经济开发区。呈现大面积分布特征。

镉的含量低背景（<0.142）分布于研究区东部灵盐台地区域零星块状分布。

③铬的地球化学特征

研究区内表层土壤中铬的含量范围为28.7~98.3，剔除离群值点后平均值为62.57，标准差为9.39。

铬的含量高背景（>70.01）分布区域主要为以下区域：

梧桐树三队以南—农场三站五队西，杨洪桥五队—杨洪桥以南，呈片状。龙三六队—榆木桥八队以南—崇兴镇—郝家桥乡的大面积片状区域，

郭碱滩二队、海子一队、东塔八队、东塔七队、大河子沟等地点状分布。

铬的含量低背景（<43）分布区域主要为研究区东南沙漠区域，呈片状：

表层土壤中铬的分布较为分散，极大受到土壤母质的影响，而受表生地球化学作用影响较小。

④铅的地球化学特征

研究区内表层土壤中铅的含量范围为13.5~102，剔除离群值点后平均值为23.76，标准差为9.65。表层土壤中铅的分布具有明显分区，丘陵台地、沙漠为铅的含量低背景区，冲湖积平原则出现铅的含量中值和高背景区。

铅的含量高背景（>26.08）主要分布区域为：

具体分布在灵武农场以北至梧桐树三队，呈片状。灵武市以南—崇兴镇—郝家桥乡，也呈现大面积分布特征。此区域涵盖了灵武黄灌区南部的大部分地区。

铅的含量低背景（<20.29）主要分布在研究区东部的丘陵、沙漠区域，该区域人类活动稀少。

铅的高值背景区分布于冲湖积平原人为活动频繁地区，低背景区分布于丘陵山区及沙漠区域，可见人类活动与铅的赋存有关。铅是有毒元素，当生物血液中铅的含量超出0.5 ppm时发生铅中毒；在铅含量高背景区可种植苔藓类植物，可以浓缩大气中的铅，

同时对铅的矿产有一定的指示作用。

⑤镍的地球化学特征

研究区内表层土壤中 Ni 的含量范围为12.8～41.3，剔除离群值点后平均值为26.8，标准差为6.14。

镍的含量高背景（>30.4）分布区域主要为以下区域：

梧桐树三队及以南，梧桐树一队，杨洪桥五队—杨洪桥乡，农场一站西南，东塔七队，海子一队，郭碱滩二队，呈点状分布。榆木桥八队—杜木桥—郝家桥乡—西渠村—龙三四队的大面积片状区域。

镍的含量低背景（<16.3）分布区域主要为研究区东部丘陵地带和沙漠区域，呈点状分布。

⑥汞的地球化学特征

研究区内地表层土壤中汞的含量范围为4.66~162，剔除离群值点后平均值为37.71，标准差为27.9。银川盆地表层土壤中 Hg 的分布较为集中，总体来说中部含量较高，两侧较少。

汞的含量高背景（>54.5）主要分布于以下几个区域：

具体分布在冲积平原和洪积平原接触带，灵武农场三站五队—华电灵武电厂—东塔乡—崇兴镇—郝家桥乡—龙三。以上区域相连成整片状。此区域涵盖了灵武黄灌区的南部大部分地区及城市城区。

汞的含量低背景（<20.8）主要分布于研究区东部灵盐台地区域、平原区西北部。

在自然风化过程中，由于汞的主要矿物辰砂是稳定矿物，汞释放困难，但也会发生缓慢变化，被淋滤、流失。且许多物质对汞都有很高的吸附能力。

　　汞元素在土壤中的含量取决于母岩中汞的含量和土壤中有机结合体和吸附能力。丘陵台地以及沙漠地区砂质土壤由于其较弱的吸附能力导致形成汞的含量低背景区。大气中汞的远距离传输和沉降也是土壤中汞的来源之一，汞的含量高背景区域的居民需要防止土壤中汞气中毒和污染，特别是人口密集的城镇地区，禁止对环境排放含汞污染物如禁止含汞电池等工业产品的随意丢弃等。

　　（2）中深层土壤重金属元素地球化学特征

　　本次研究表层取样的基础上，在1 m和2 m也进行了取样，中层土壤中，重金属元素砷、镉、铬、铅、镍、汞的地球化学参数如表3-29所示，最小值和最大值采自原始数据，平均值和标准差为经平均值加减3倍标准差反复剔除后的计算结果。下面分别讨论各重金属元素在研究区中深土壤中地球化学分布状况。

表 3-29　中深层土壤中重金属元素的地球化学参数值

元素名称 （中层）	累计频率 25%	累计频率 75%	最小值	最大值	平均值 （剔除后）	标准差 （剔除后）
砷	8.25	12.56	4.92	15.5	9.46	2.84
镉	0.08	0.15	0.044	0.237	0.126	65.26
铬	56.03	67.74	33.8	75.8	54.13	12.39
铅	17.64	23.34	13.2	29.5	18.28	3.37
镍	22.33	30.26	12.7	36.1	23.25	6.63
汞	12.08	31.22	6.22	116	22.40	13.29

①砷的地球化学特征

研究区内中层土壤中砷的含量范围为4.92~15.5，剔除离群值点后平均值为9.85，剔除后标准差为3.0。砷的含量分布较为分散，高低背景区呈相间分布。

砷的含量高背景（＞12.56，即全部样品累计频率＞75%的样品区，下同）分布区域为：

具体分布在陶家圈—杨洪桥呈现条带状分布，宽度约5km。郝家桥乡—崇兴镇—榆木桥八队—县城南，呈片状分布。梧桐树三队东呈点状分布。

砷的含量低背景（＜8.25，即全部样品累计频率＜25%的样品区，下同）的分布区域为：

调查工作区中部沙漠区域，土壤类型以风沙土为主。研究区东北部零星分布。

②镉的地球化学特征

研究区内中层土壤中镉的含量范围为0.044~0.237，剔除离群值点后平均值为0.11，标准差为0.04。

镉的含量高背景（＞0.15）主要分布于以下几个区域：

陶家圈，县城东南角，郝家桥乡，呈点状分布。

镉的含量低背景（＜0.08）分布于研究区东南部沙漠地区，呈点状分布。

③铬的地球化学特征

研究区内中层土壤中铬的含量范围为33.8~75.8，剔除离群值点后平均值为58.98，标准差为11.05。

铬的含量高背景（＞67.74）分布区域主要为以下区域：

陶家圈、梧桐树三队东南、杨洪桥六队、灵武市西湖西、榆木桥八队西南，崇兴三队，郝家桥乡崔渠口村等地点状分布。

铬的含量低背景（<56.03）分布区域主要为研究区东南沙漠区域，呈点状。

中层土壤中铬的分布较为分散，极大受到土壤母质的影响，而受表生地球化学作用影响较小。

④铅的地球化学特征

研究区内中层土壤中铅的含量范围为13.2~29.5，剔除离群值点后平均值为19.72，标准差为3.51。表层土壤中铅的分布具有明显分区，丘陵台地、沙漠为铅的含量低背景区，冲湖积平原则出现铅的含量中值和高背景区。

铅的含量高背景（>23.34）主要分布区域为：

具体分布在榆木桥八队西南，崇兴三队，崇兴四队，郝家桥乡，郭碱滩二队，呈点状分布。

铅的含量低背景（<17.64）主要分布在研究区东部的丘陵、沙漠区域，该区域人类活动稀少。

铅的高值背景区分布于冲湖积平原人为活动频繁地区，低背景区分布于丘陵山区及沙漠区域，可见人类活动与铅的赋存有关。铅是有毒元素，当生物血液中铅的含量超出0.5ppm时发生铅中毒；在铅含量高背景区可种植苔藓类植物，可以浓缩大气中的铅，同时对铅的矿产有一定的指示作用。

⑤镍的地球化学特征

研究区内中层土壤中镍的含量范围为12.7~36.1，剔除离群值点后平均值为25.08，标准差为6.7。

镍的含量高背景（>30.26）分布区域主要为以下区域：

陶家圈，梧桐树三队东南，杨洪桥六队，县城西湖西，榆木桥八队西南，崇兴三队东南，杜木桥乡，郝家桥乡呈点状分布。

镍的含量低背景（<22.33）分布区域主要为研究区东部丘陵地带和沙漠区域，呈点状分布。

⑥汞的地球化学特征

研究区内中层土壤中汞的含量范围为6.22~116，剔除离群值点后平均值为22.25，标准差为17.5。灵武市中深层土壤中汞的分布较为集中，在平原区和基岩山区分布，总体来说中部含量较高，两侧较低。

汞的含量高背景（>31.22）主要分布于以下几个区域：

具体分布在冲积平原和洪积平原接触带，华电灵武电厂—崇兴镇—郝家桥乡。以上区域呈串珠状。

汞的含量低背景（<12.08）主要分布于研究区东南部沙漠区域，其他地区零星分布。

在自然风化过程中，由于汞的主要矿物辰砂是稳定矿物，汞释放困难，但也会发生缓慢变化，被淋滤、流失。且许多物质对汞都有很高的吸附能力。

汞元素在土壤中的含量取决于母岩中汞的含量和土壤中有机结合体和吸附能力。丘陵台地以及沙漠地区砂质土壤由于其较弱的吸附能力导致形成汞的含量低背景区。大气中汞的远距离传输和沉降也是土壤中汞的来源之一，汞的含量高背景区域的居民需要防止土壤中汞气中毒和污染，特别是人口密集的城镇地区，禁止对环境排放含汞污染物如禁止含汞电池等工业产品的随意丢弃等。

3.2.2　土壤酸碱度地球化学特征

土壤酸碱性状况，是土壤一个重要的化学性质，深刻影响着微生物和作物的生长，也影响土壤物理性质和养分的有效性。

土壤酸碱性是指土壤水分中的 H^+ 和 OH^- 的构成状况，当 H^+ 大于 OH^- 时，称之为酸性；当 OH^- 大于 H^+，称之为碱性，用 pH 值表示。

根据《土地质量地球化学评价规范（DT/Z 0295—2016）》中对土壤酸碱度（pH）的分级，将土壤酸碱度分为五个等级，具体见表3-30。

表 3-30　土壤酸碱度（pH）分级标准

pH	< 5.0	5.0~ < 6.5	6.5~ < 7.5	7.5~ < 8.5	≥ 8.5
含义	强酸性	酸性	中性	碱性	强碱性

研究区内表层土壤的 pH 值范围在7.72~9.98，平均为8.73，从样品出现频率正态曲线可见，pH 值主要集中在8.25~9.25。按照《土地质量地球化学评价规范（DZ/T 0295—2016）》中对土壤酸碱度（pH）的分级，可分为两个等级，即碱性区，占25.82%，强碱性区，占74.18%（图3-28，图3-29）。

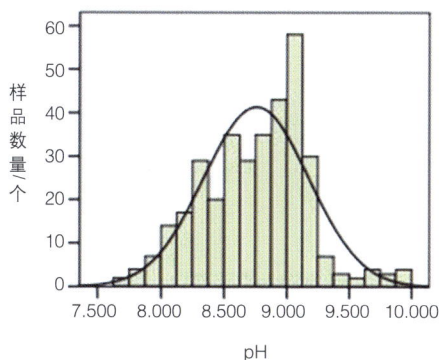

图3-28　pH值分布频率图

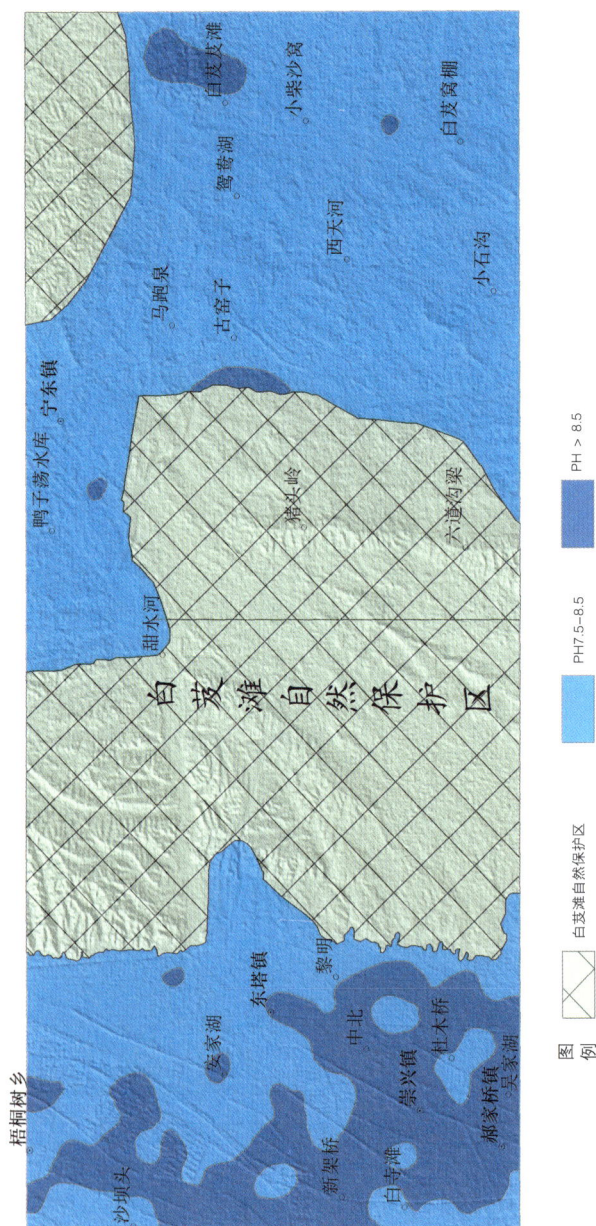

图3-29 表层土pH值分区图

图例

白芨滩自然保护区

PH7.5~8.5

PH > 8.5

3.2.3 土壤盐渍化地球化学特征

盐渍化是干旱、半干旱地区土壤的一个普遍特征，在宁夏银川平原引黄灌区尤为严重，该区具有2000年以上的农业生产和灌溉历史，年复一年大量引用黄河水，其所携带的一定数量的可溶盐在灌区积累，可使土壤含盐量增高。同时灌区局部地区水储量持续增大，地下水位居高不下，引发地下盐分向上层土壤迁移，结果盐分在土壤表层聚积，又加剧了土壤盐渍化程度，严重影响和制约了该地区的生态环境和农业可持续发展。

针对研究区内的平原区和大河子沟沟谷进行盐渍化采样分析。具体采样位置见图3-30。平原区采样深度分别为0~0.2 m，0.2~0.4 m，0.4~0.6 m，0.6~0.8 m，0.8~1.0 m，大河子沟沟谷采样深度为0~0.2 m，0.2~0.4 m，0.4~0.6 m。

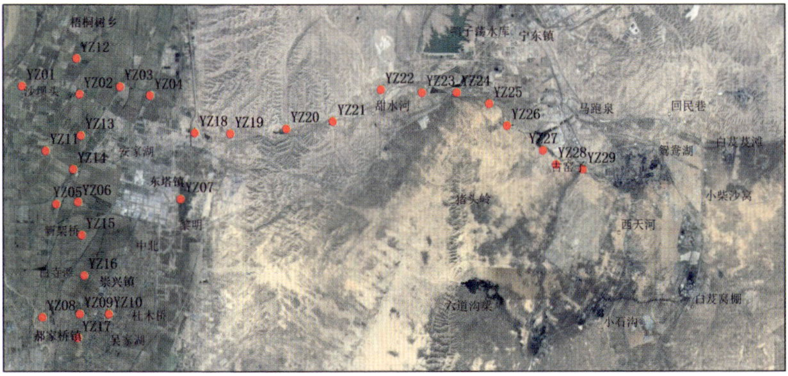

图
例   ● 盐渍化采样点

图3-30 盐渍化采样点示意图

从表3-31可以看出，0~0.2m深度的全盐量为0.076%~6.297%，平均值为0.847%，变异系数为187.43%，大于100%，变异程度强烈，说明土壤盐分在表层空间分布差异性大。在0.2~0.4 m 的深度，全盐量范围在0.048%~0.755%，平均值为0.165%，变异系数为88.21%，小于100%，其变异程度中等，但趋于100%，说明其空间分布差异性也较大。0.4~0.6 m 深度的全盐量为0.049%~0.449%，平均值为0.155%，变异系数为69.54%。0.6~0.8 m 深度的全盐量为0.062%~0.387%，平均值为0.129%，变异系数为71.36%。0.8~1.0 m 深度的全盐量范围为0.066%~0.372%，平均值为0.155%，变异系数为62.03%。

表 3-31　全盐量特征统计表

采样深度	样品个数	最小值	最大值	平均值	标准差	CV（%）
0~0.2 m	27	0.076	6.297	0.847	1.588	187.43%
0.2~0.4 m	27	0.048	0.755	0.187	0.165	88.21%
0.4~0.6 m	28	0.049	0.449	0.155	0.108	69.54%
0.6~0.8 m	20	0.062	0.387	0.129	0.092	71.36%
0.8~1.0 m	18	0.066	0.372	0.115	0.072	62.03%

表层土壤远远高于下层土壤盐分的含量，并且它们的平均值、标准差和最大值均表现为随着土层的加深而呈逐渐递减的趋势，这主要是由于在旱季持续的地表蒸发作用下，深层土壤以及地下水中的可溶性盐类借助毛细管作用上升并在上层土壤积聚造成的。

将土壤样品划分为两组来进行分析，一组为灵武平原样品，一组为大河子沟样品（表3-32）。

表 3-32　灵武平原样品全盐量特征统计表

深度（m）	个案数统计	最小值统计	最大值统计	平均值统计	标准差统计	CV
0~0.2	17	0.087	0.428	0.148	0.087	58.85%
0.2~0.4	18	0.048	0.214	0.124	0.036	28.97%
0.4~0.6	18	0.049	0.185	0.104	0.032	30.77%
0.6~0.8	17	0.062	0.190	0.101	0.033	32.96%
0.8~1.0	17	0.066	0.199	0.100	0.033	32.93%

从表3-32中可以看出，表层0~0.2 m深度的全盐量平均值与表3-31中的对比，减少较多，变异系数也由187.43%降低为58.85%，说明在灵武平原的表层土壤，盐分含量分布差异性一般。随着深度的增加，全盐量的平均值也逐渐减小。原因与上述原因一致，由于旱季蒸发作用造成。

从图3-31中可以看出，全盐量以 YZ15点处为分界线，向两边逐渐降低。YZ15点位于灵武市西南角约3 km 处的东大沟沟边，说明东大沟两侧的土壤全盐量略高于周边的土壤的全盐量。

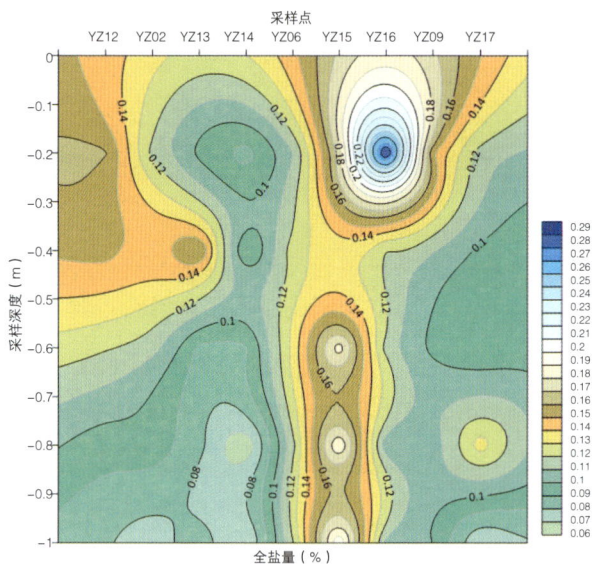

图3-31　YZ12-YZ17全盐量剖面等值线图

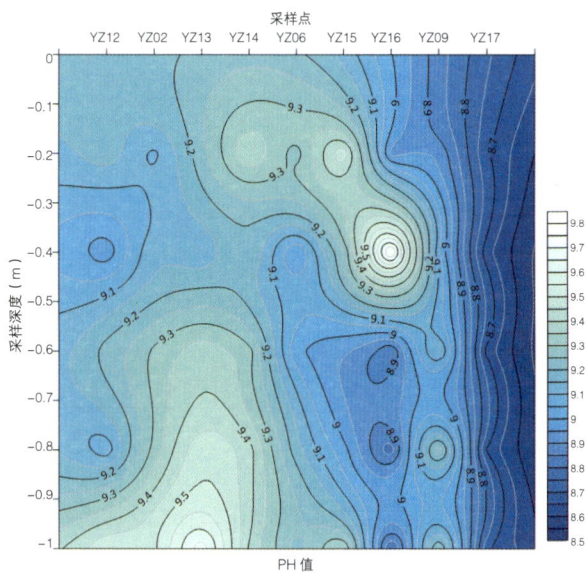

图3-32　YZ12-YZ17pH值剖面等值线图

从图3-32可以看出，从点 YZ12-YZ17由南向北，pH 值逐渐降低，但变化区间在8.5~9.2，变化较小，与该地区的土壤背景 pH 值相吻合，无异常值，属于强碱性土壤。

表 3-33 大河子沟样品全盐量特征统计表

深度（m）	个案数统计	最小值统计	最大值统计	平均值统计	标准差统计	CV
0~0.2	10	0.076	6.297	2.036	2.186	107.34%
0.2~0.4	9	0.091	0.755	0.313	0.243	77.76%
0.4~0.6	10	0.058	0.449	0.245	0.136	55.67%

从表3-33中可以看出，大河子沟沟谷土壤样品全盐量都较高，在0~0.2 m 深度的样品，最大值达6.297%，其平均值也高达2.036%，属于中度盐渍化土。除表层0~0.2 m 深度的全盐量高以外，其余深度的全盐量均较低。

大河子沟表层（0~0.2 m）全盐量高，是由于大河子沟中的水流作用引起。水流流经沟谷，水位较高时，淹没沟谷河漫滩，当河漫滩露出水面时，经过蒸发作用，土壤中残留大量的硫酸根离子，导致土壤全盐量高。大河子沟的表层全盐量的发育规律为沟口最高，依次往上游逐渐减小。

3.2.4 土壤环境地球化学综合等级

依据土壤中砷（As）、镉（Cd）、汞（Hg）、铅（Pb）、铬（Cr）、镍（Ni）等重金属元素含量水平及其土壤环境质量标准而划分出的环境地球化学等级，分为单指标划分出的土壤环境地球化学等级和多指标划分出的土壤环境地球化学综合等级。

本次划分运用多指标划分。

按照以下公式计算土壤污染物 i 的单项污染指数 P_i：

式中：

$$P_i = \frac{C_i}{S_i}$$

C_i—— 土壤中污染物指标 i 的实测质量分数，单位为毫克每千克（mg/kg）；

S_i——土壤中污染物 i 在 GB 15618中给出的二级标准值，单位为毫克每千克（mg/kg）。

按照土壤单项污染指数环境地球化学等级划分界限值（见表3–34），分别进行单指标土壤环境地球化学等级划分。

表3–34　土壤环境地球化学等级划分

等级	一等	二等	三等	四等	五等
土壤环境	$P_i \leq 1$	$1 < P_i \leq 2$	$2 < P_i \leq 3$	$3 < P_i \leq 5$	$P_i \geq 5$
	清洁	轻微污染	轻度污染	中度污染	重度污染

在单指标土壤环境地球化学等级划分基础上，将每个评价单元的土壤环境地球化学等级进行叠加，最终得出土壤环境地球化学综合等级。

根据《土壤环境质量农用地土壤污染风险管控标准》（试行）（GB15618—2018）中土壤无机污染物的环境质量第二级标准值，

本次研究采取的土壤样中，砷（As）、镉（Cd）、汞（Hg）、铅（Pb）、铬（Cr）、镍（Ni）等重金属元素的 P_i 值，均小于1（表3-35），因此，研究区的土壤环境地球化学综合等级为一等，清洁。

表 3-35　重金属元素极值 P_i 值一览表

元素	最小值（mg/kg）	最大值（mg/kg）	二级标准值（mg/kg）	最小 P_i	最大 P_i
砷	4.37	15.6	20	0.2185	0.7800
镉	0.043	0.475	1	0.0430	0.4750
汞	0.00466	0.162	1	0.0047	0.1620
铅	13.5	65.2	80	0.1688	0.8150
铬	28.7	98.3	350	0.0820	0.2809
镍	12.8	41.3	100	0.1280	0.4130

3.3　土壤质量地球化学综合等级

土壤质量地球化学综合等级由评价单元的土壤养分地球化学综合等级与土壤环境地球化学综合等级叠加产生。

土壤质量地球化学综合等级的表达图示与含义见表3-36。

通过前文对土壤养分地球化学综合等级与土壤环境地球化学综合等级的划分，将两者进行叠加，得出本次研究的土壤质量地球化学综合等级。土壤质量地球化学综合等级分区共划分为四个区，即一等区占9.56%，二等区占23.57%，三等区占59.50%，四等区占7.37%，无五等区（图3-33）。

表 3-36　土壤质量地球化学综合等级表达图示与含义

土壤质量清洁		土壤环境地球化学综合等级				
		清洁	轻微污染	轻度污染	中度污染	重度污染
土壤养分地球化学综合等级	丰富	一等	三等	四等	五等	五等
	较丰富	一等	三等	四等	五等	五等
	中等	二等	三等	四等	五等	五等
	较缺乏	三等	三等	四等	五等	五等
	缺乏	四等	四等	四等	五等	五等
含义		注 1：一等为优质，表明土壤环境清洁，土壤养分丰富至较丰富。 注 2：二等为良好，表明土壤环境清洁，土壤养分中等。 注 3：三等为中等，表明土壤环境清洁，土壤养分较缺乏或土壤环境轻微污染，土壤养分丰富至较缺乏。 注 4：四等为差等，表明土壤环境清洁或轻微污染，土壤养分缺乏或土壤环境轻度污染，土壤养分丰富至缺乏或土壤盐渍化等级为强度。 注 5：五等为劣等，表明土壤环境中度和重度污染，土壤养分丰富至缺乏或土壤盐渍化等级为盐土。				

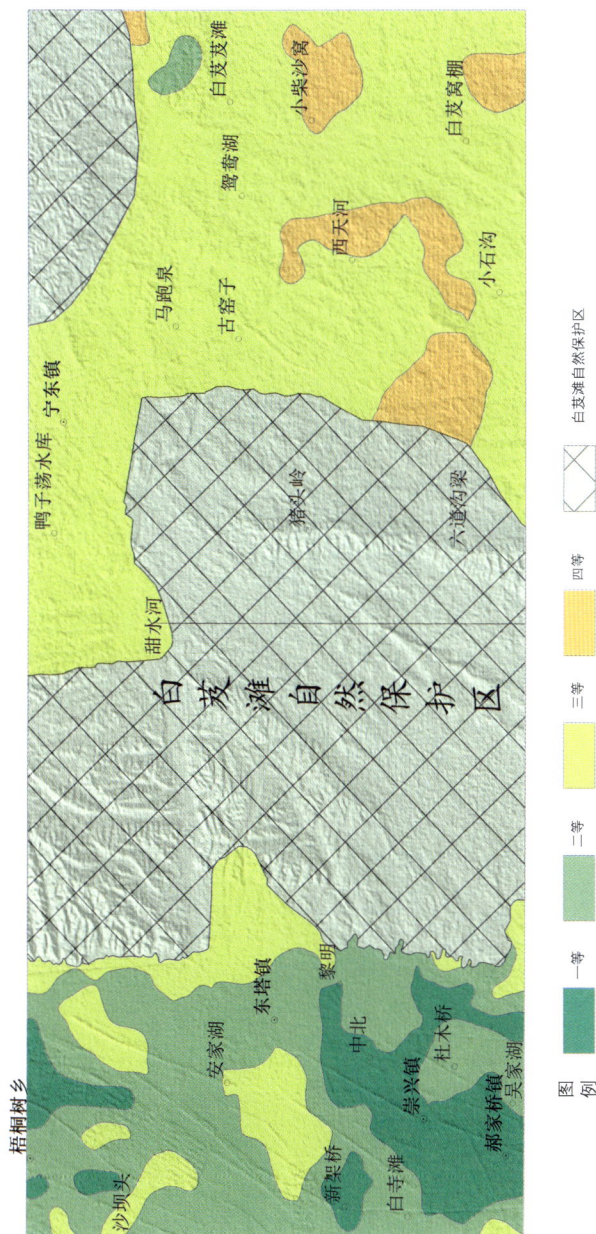

图3-33 土壤质量地球化学综合等级分区

图例

一等　二等　三等　四等　白芨滩自然保护区

第4章　地下水环境质量

地下水环境质量评价主要任务就是对该区地下水水质进行评价分析，为后续地下水保护和管理提供依据。本次评价标准采用《地下水质量标准》，方法为综合指数法（内梅罗指数法）和标准指数法两种。

4.1　综合指数法

4.1.1　评价因子

本次评价采用氯化物（Cl^-）、硫酸盐（SO_4^{2-}）、钠（Na^+）、溶解性总固体、总硬度、pH值共6项指标。

4.1.2　评价标准

执行标准为《地下水质量标准》。

4.1.3　评价方法

1. 根据《地下水质量标准》，进行各单项组分评价，划分组分所属质量类别。

2. 对各类别，按表4-1的规定，分别确定各单项组分的评价分值 F_i。

表 4-1　单项组分评价分值

类别	Ⅰ	Ⅱ	Ⅲ	Ⅳ	Ⅴ
Fi	0	1	3	6	10

3. 按下列式（1）和式（2）计算综合评价分值 F。

$$F=\sqrt{\frac{\overline{F}^2+F^2_{max}}{2}} \qquad （1）$$

$$F=\frac{1}{n}\sum_{i=1}^{n} F_i \qquad （2）$$

式中：F——综合评价分值

$\overline{F}$——各单项组分评分值 Fi 的平均值；

F_{max}——单项组分评价分值 Fi 中的最大值；

n——项数，本次评价为85。

4. 根据 F 值，按以下规定（表4-2）划分地下水质量级别。

表 4-2　单项组分评价分值

类别	优良	良好	较好	较差	极差
F	< 0.80	0.80 ≤ 2.50	2.50 ≤ 4.25	4.25 ≤ 7.20	> 7.20

4.1.4　评价结果

根据以上计算方法，计算得出研究区内的地下水氯化物（Cl^-）、硫酸盐（SO_4^{2-}）、钠（Na^+）、溶解性总固体、总硬度、pH 值共6项指标，除 pH 评分为7.12，小于7.2属较差外，其余5项指标评分均大于7.2，评价为极差（表4-3）。

表 4-3 地下水综合指数评价结果

指标	n	$\overline{F}$	F_{max}	F
pH	85	1.22	10	7.12
溶解性总固体	85	5.94	10	8.22
钠（Na$^+$）	85	5.62	10	8.11
氯化物（Cl$^-$）	85	5.14	10	7.95
硫酸盐（SO$_4^{2-}$）	85	6.18	10	8.31
总硬度	85	5.31	10	8.00

4.2 标准指数法

4.2.1 评价因子

本次评价采用氯化物（Cl$^-$）、硫酸盐（SO$_4^{2-}$）、钠（Na$^+$）、溶解性总固体、总硬度、pH 值共6项指标，与综合指数法相同。

4.2.2 评价标准

执行标准为《地下水质量标准》三类水标准。

4.2.3 评价方法

标准指数法是当标准指数大于1，表明该水质因子已超过了规定的水质标准，指数值越大，超标越严重。对于评价标准为定值的水质因子，其标准指数计算公式为：

$$P_i = \frac{C_i}{S_{si}}$$

式中：P_i——第 i 个水质因子的标准指数（无量纲）；

C_i——第 i 个水质因子的监测浓度值（mg/L）；

C_{si}——第 i 个水质因子的标准浓度值（mg/L）。

对于评价标准为区间值的水质因子（如 pH 值），其标准指数计算公式：

$$P_{pH,j} = \frac{pH_j - 7.0}{pH_{su} - 7.0} \quad pH_j > 7.0$$

$$P_{pH,j} = \frac{7.0 - pH_j}{7.0 - pH_{sd}} \quad pH_j \leqslant 7.0$$

式中：

$P_{pH,j}$——第 j 个监测点 pH 值标准指数，无量纲；

pH_j——第 j 个监测点 pH 值监测；

pH_{su}——水质标准中 pH 值上限值；

pH_{sd}——水质标准中 pH 值下限值。

4.2.4　评价结果（表4-4）

表 4-4　地下水标准指数评价结果统计表

指标	样品数量（个）	最小值（mg/L）	最大值（mg/L）	$P_i > 1$ 个数	超标率
pH	85	7.00	10.07	12	14.12%
溶解性总固体	85	256.60	17931.18	47	55.29%
钠（Na^+）	85	26.14	4315.50	48	56.47%
氯化物（Cl^-）	85	29.37	4674.38	42	49.41%

指标	样品数量（个）	最小值（mg/L）	最大值（mg/L）	Pi > 1 个数	超标率
硫酸盐（SO_4^{2-}）	85	3.47	7420.00	46	54.12%
总硬度	85	55.35	4901.58	48	56.47%

注：pH 无单位。

通过计算，可以看出，研究区内的氯化物（Cl^-）、硫酸盐（SO_4^{2-}）、钠（Na^+）、溶解性总固体、总硬度、pH 值共6项指标，按照《地下水质量标准》三类水标准评价，均有超标。其中氯化物（Cl^-）、硫酸盐（SO_4^{2-}）、钠（Na^+）、溶解性总固体、总硬度5项指标超标率达50%以上。说明研究区内的地下水质量差异性较大。

第5章　地质环境分区评价

5.1.1　建立评价指标体系的意义

（1）定量评价的基础

对于地质环境这样一个复杂的系统，它既包含自然地质条件因素，又包含人类工程活动因素，因素之间关系极为复杂，因素的量化也很困难，对这样一套具有很强不确定性因素体系，只有通过深入的分析，从复杂的因素关系中，抓住问题的实质，选出代表性的指标，建立指标体系及其量化标准，才可能实现定量评价与预测。指标体系的合理性将在很大程度上直接影响评价和预测的结果。

（2）政府管理与决策依据

地质环境的管理是政府在环境管理中的一项重要工作，地质环境的各类指标和数据是政府管理决策的主要依据，因此建立规范化、标准化的指标体系是政府管理与决策的必不可少的工具。

（3）信息共享与全民意识

地质环境和地质灾害的有关信息具有空间的地理属性，是一种空间信息，属于广义的地理信息范畴。地质环境与地质灾害直接影响着人类赖以生存的自然空间，因此防灾减灾已是政府乃至全社会关注的话题。全球化信息资源共享为快速预测预报，紧急救援等提供了信息。人们可以从网上查询到环境与灾害的危险性和政府所采取的措施以及保护环境减轻灾害的途径与方法。

5.1.2　构建评价指标体系的原则

（1）科学性原则　评价指标体系是实际与理论相结合的产物。采用定性、定量方法，建立不同模型，客观抽象描述，是抓住最本质的和最有代表性的东西。

（2）系统性优化原则　必须用互相联系和互相制约的若干指标进行衡量评价对象。横向指标之间的联系，反映侧面的不同相互制约关系，纵向指标之间的关系，反映不同层次之间的包含关系。尽可能分明同层次指标的界限，体现出较强的系统性。

（3）实用性原则　指标要简化，方法要简便。评价指标体系要繁简适中，计算评价方法简便易行，即评价指标体系不可设计得太繁琐，在能基本保证评价结果客观性、全面性的条件下，简化指标体系，减少或去掉对评价结果影响甚微的指标且数据需易于获取。

5.2 评价指标体系因子的选取及量化

5.2.1 评价指标体系因子的选取

地质环境质量评价时，指标体系的建立必须具有代表性，选择对环境起主导作用的指标，剔除次要指标，以保证指标的可操作性和可实现性。一方面，指标多了缺乏可操作性，而且有些指标不一定能够取得现场调查资料；另一方面，指标的权重确定有一定的困难。但若选取的指标过少，又会丢失重要信息，导致评价结果失真。因此，选择合理的指标是地质环境质量评价的关键。本次采用两两比较法对评价指标进行筛选。

将 n 个评价指标作两两比较，比较值记为 a_{ij}（i,j 为 $1,2,3,\cdots,n$），列出表来，如指标 a1 比指标 a2 重要，在 a1 行 a2 列写上3，而在 a2 行 a1 列写上1，若指标 a1 与指标 a2同等重要，则在 a1 行 a2 列、a2 行 a1 列都写上2。

例如，有四个评价指标 a1，a2，a3，a4，采用两两比较可以构造一个矩阵如下。

	a1	a2	a3	a4	$\sum$
a2	1	2	3	3	9
a3	3	1	2	3	9
a4	2	1	1	2	6

其中，"Σ" 下面为各行各个数的和，记为 r，把 r 下面一列求和得32，用 r 的各值除以32，得到 $r_1=0.25$，$r_2=0.281$，$r_3=0.281$，$r_4=0.188$。按大小排列即 $r_2 = r_3 > r_1 > r_4$，从而确定指标的相对重要

程度。

采用层次分析法建立地质环境质量评价因子体系，即将目标分解，直到认为子目标能够用定性的独立指标衡量为止。本次采用三层结构，第一层为目标层，第二层为准则层，第三层为指标层。

根据指标选取的原则，正确选择评价指标是真实地揭示地质环境质量优劣的前提和基础，评价指标体系是由若干个单项评价指标组成的层次分明的有机整体，结合研究区内地质环境背景特点及调查统计情况，本次地质环境质量评价指标体系分为两级：一级评价指标3个，即内部环境条件，外部环境条件，地质灾害发育特征。二级评价指标7个，即地貌类型、地下水污染分布、土壤质量、地质构造、植被发育情况、人类工程活动、地质灾害易发区。指标体系框图如图5-1。

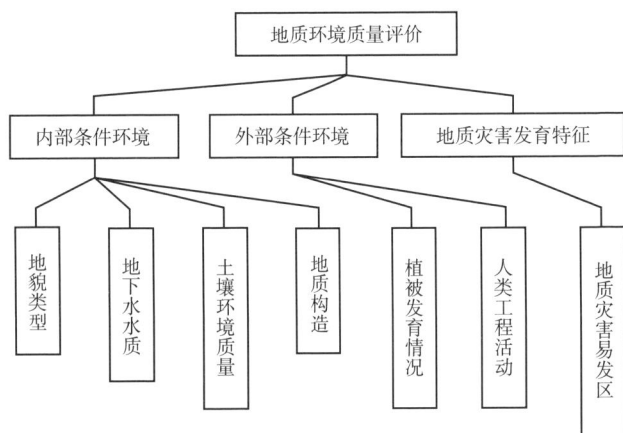

图5-1 指标体系框图

5.2.2 评价指标体系的量化分级

中国地质调查局2004年10月颁发实行的中国地质调查工作标准《区域环境地质调查总则（试行）（DD2004—02）》规定按地质环境质量指标数值对评价区进行综合性区域地质环境质量等级分区，分区等级统一规定为：地质环境质量好、较好、较差、差四级，以此依据将评定地质环境质量的指标因子及矿山地质环境质量等级划分为"好"（Ⅰ级）、"较好"（Ⅱ级）、"较差"（Ⅲ级）和"差"（Ⅳ级）4个等级。

（1）评价指标量化

①内部环境条件量化

a. 地貌类型

研究区内，地势东高西低，地貌类型分为冲积平原、洪积平原、黄土丘陵、山地以及沙地。地质环境质量和地质灾害的分布受地形地貌类型的影响很显著，地质环境状况的差异程度跟地形地貌的差异程度紧密相关。复杂的地形地貌往往表征着基岩出露或埋深情况的多样性，地下水位埋深、基岩渗透系数等水文地质参数的不均一，地质灾害的高易发性以及区域地壳的不稳定性。地貌类型对地质环境质量和地质灾害的影响较大，冲积平原、洪积平原对应地质环境质量等级为"好"（Ⅰ级）、沙地对应地质环境质量等级为"较好"（Ⅱ级）、黄土丘陵对应地质环境质量等级为"较差"（Ⅲ级）、（无量纲）、山地对应地质环境质量等级为"差"（Ⅳ级）（图5-2）。

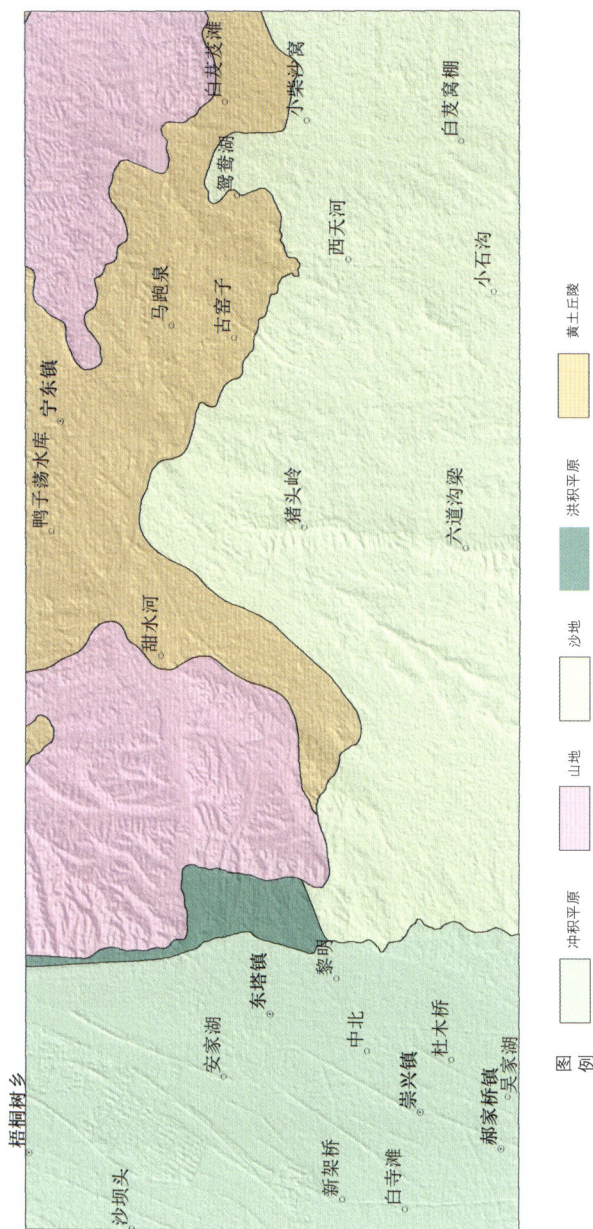

图5-2 工作区地貌分区图

图例

冲积平原　　山地　　沙地　　洪积平原　　黄土丘陵

b. 地下水质量分级

采用单因子评价法，参照《地下水质量标准》（DZ/T 0290—2015）对研究区地下水进行地下水质量分级。通过取样分析，工作区地下水 TDS 分为4个区间，< 1 g/L，1~3 g/L，3~5 g/L，> 5 g/L。对应的地质环境质量标准为Ⅰ级、Ⅱ级、Ⅲ级、Ⅳ级（图5-3）。

c. 土壤环境质量

按照《土壤环境质量农用地土壤污染风险管控标准》（试行）（GB15618—2018），进行土壤环境质量评价。对研究区内表层土壤重金属项元素（Hg、Cd、As、Pb、Ni、Cr）的含量采用内梅罗法求取综合环境质量指数（Z_z），即以单一元素土壤环境质量指数（Z_i）为基本值，计算综合环境质量指数，以此值评价土壤环境综合质量，并划级为4个质量区的级别，分别为一等、二等、三等及四等，对应的地质环境质量标准为Ⅰ级、Ⅱ级、Ⅲ级、Ⅳ级（图5-4）。

d. 地质构造

地质构造是地质灾害形成的重要决定因素。断裂的发育情况决定岩土体的稳定程度和抗风化能力，断裂一方面为崩塌、滑坡、泥石流直接提供物质基础，另一方面决定地质灾害形成的地形地貌条件。本次地质构造的量化以断层线为中心线造缓冲区实现，根据缓冲区的半径将断层对地质环境质量的影响范围分为500 m 以内、500~1 000 m、1 000~1 500 m 和大于1 500 m 共4个等级，分别对应地质环境质量标准的Ⅳ级、Ⅲ级、Ⅱ级、Ⅰ级（图5-5）。

图5-3　工作区TDS分区

图例

< 1　　1-3　　3-5　　> 5　　单位（g/L）

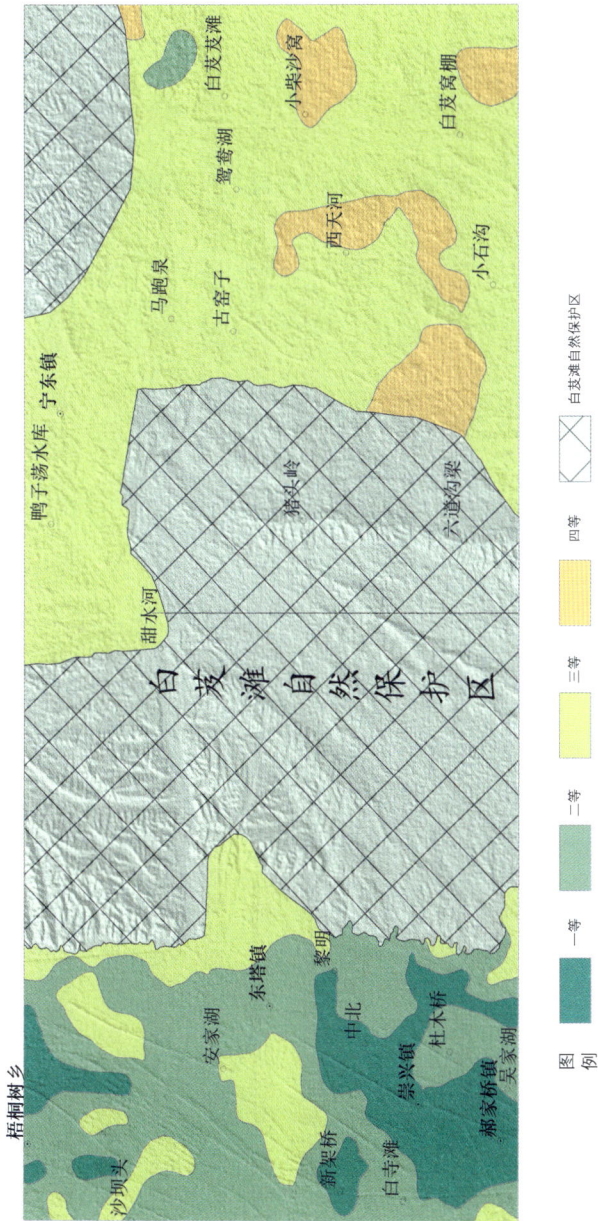

图5-4　土壤质量分区

图例

一等　二等　三等　四等　白芨滩自然保护区

梧桐树乡

沙坝头

新架桥
白芨滩
崇兴镇
郝家桥镇 吴家湖

安家湖
东塔镇
黎明
中北
杜木桥
吴家湖

鸭子荡水库 宁东镇

甜水河

猪头岭

六道沟梁

自芨滩
小柴沙窝

白芨窝棚

马跑泉
古窑子
鹭鸶湖

西天河
小石构

图例

—— 构造
----- 向斜
—— 北斜
断层
地质构造分区

I 级
II 级
III 级
IV 级

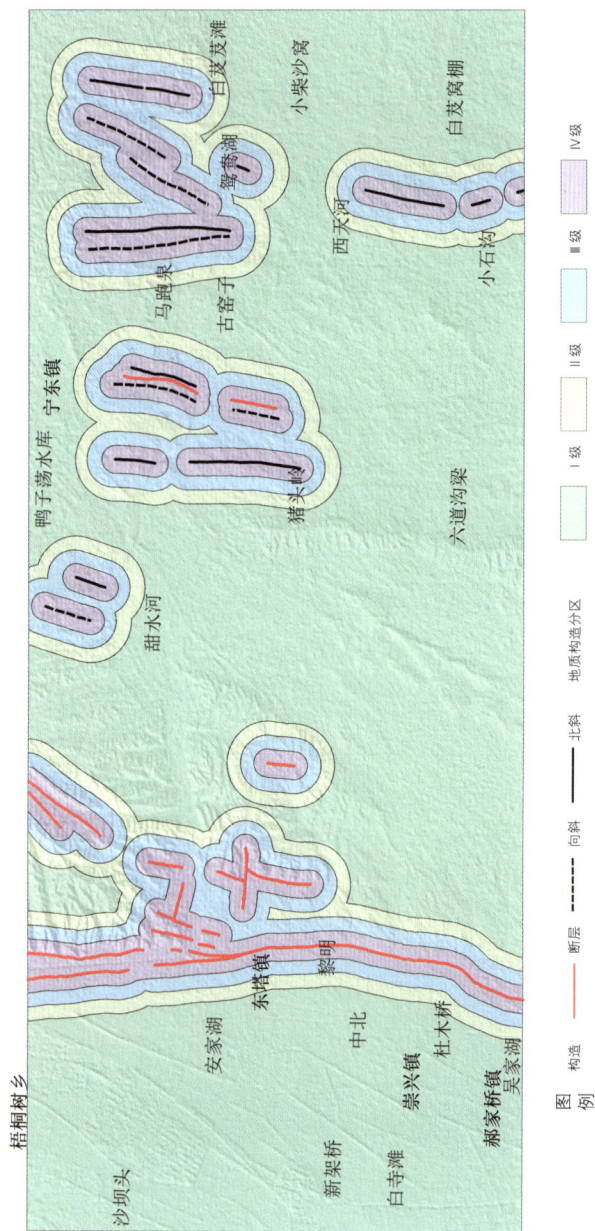

图5-5　地质构造影响分区

②外部环境条件量化

a. 植被发育情况

一般植被覆盖率小的区域，岩石裸露，易遭风化侵蚀，形成松散堆积层，水土保持能力差，易产生地表径流，地表水下渗到岩土体间的软弱结构面，易引起滑坡灾害、泥石流。植被覆盖率相对较高的区域，地表径流相对较低，水土保持能力强，地质环境质量相对较好。根据植被指数的变化可以划分为五大区域：无植被地区，植被指数 NOVI 在0~0.15变化，包括城市、水域、裸土及沙漠等地区；植被覆盖不发育地区，NDVI 在0.15~0.22变化；植被覆盖发育良好的地区，NDVI 在0.22~0.4；植被发育好的地区，NDVI>0.4。分别对应地质环境质量标准的Ⅳ级、Ⅲ级、Ⅱ级、Ⅰ级（图5-6）。

b. 人类工程活动

人类的活动强度越大，对地质环境的破坏能力越强，本文中人类工程活动主要有城镇、居民集中居住地、交通干线，分别以城镇、居民集中居住地、交通干线为边界，对象的区域以内以及距离对象边界100 m 以内的区域划分为人类工程活动强烈区，距离边界100~500 m 划分为人类工程活动中等区，距离边界500~1 000 m 划分为人类工程活动较弱区，距离边界大于1 000 m 划分为人类工程活动微弱区，即基本上无人类工程活动影响，共划分为四个等级，分别对应地质环境质量标准的Ⅳ级、Ⅲ级、Ⅱ级、Ⅰ级，其量化值分别为1、2、3、4（无量纲）（图5-7）。

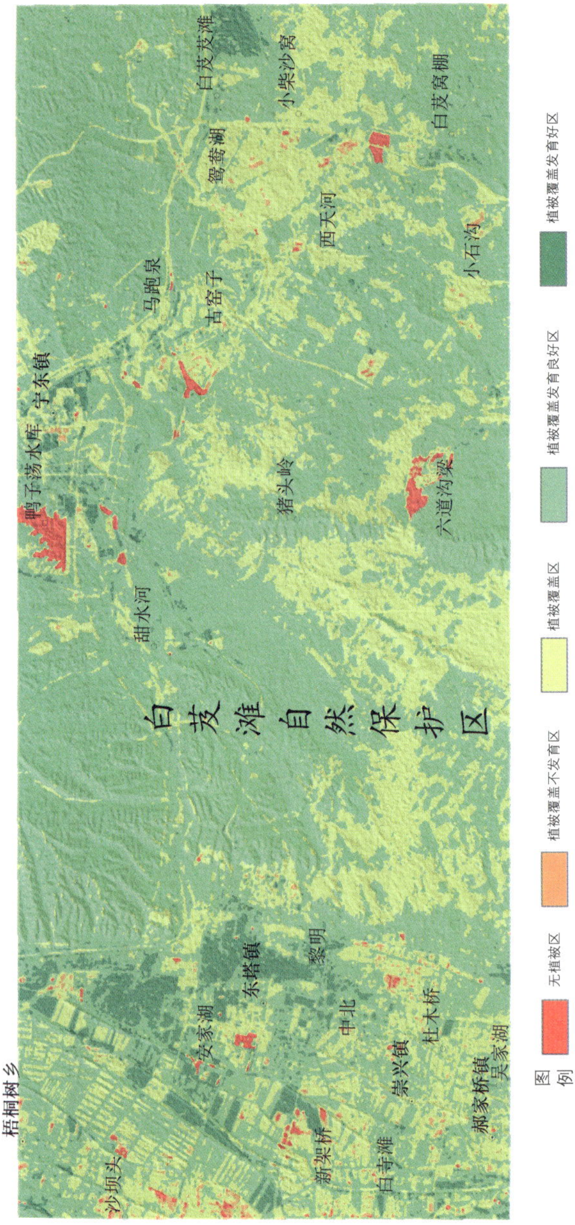

图5-6　工作区植被发育情况

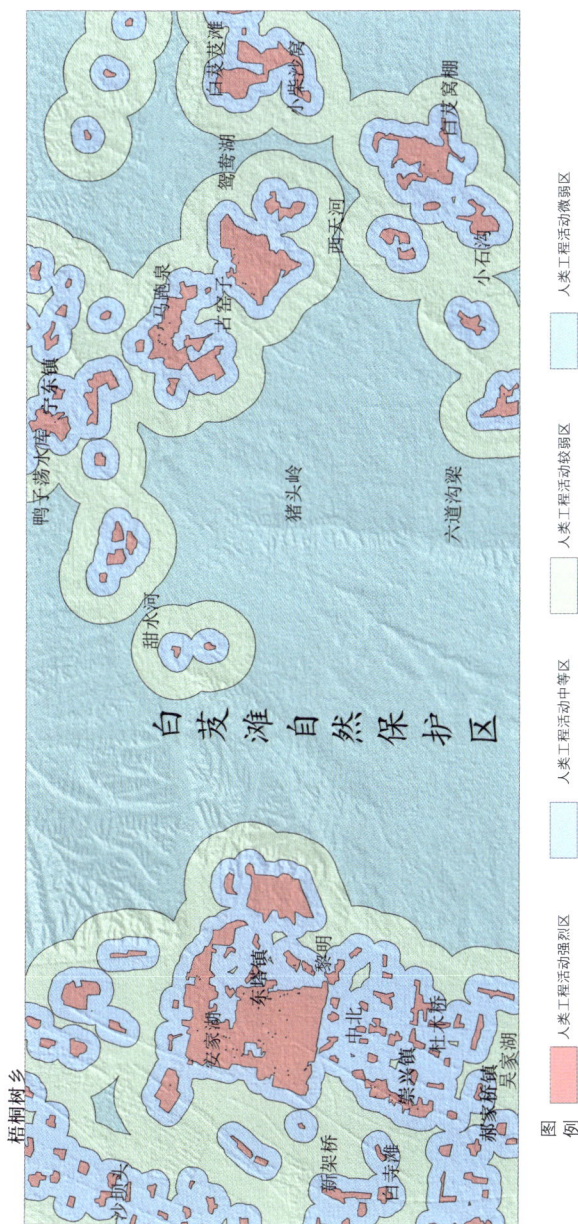

图5-7 人类工程活动影响等级区

图
例

人类工程活动强烈区　　人类工程活动中等区　　人类工程活动较弱区　　人类工程活动微弱区

③地质灾害发育特征量化

地质灾害易发区指具备地质灾害发生的地质构造、地形地貌和气候条件，容易或者可能发生地质灾害的区域。地质灾害易发区主要依据地质环境条件，参考地质灾害现状和人类工程活动划定。按照以上原则，将本次研究区划分出高易发区、中易发区、低易发区、不易发区四个区，对应的地质环境质量等级为差（Ⅳ）、较差（Ⅲ）、较好（Ⅱ）、好（Ⅰ）（图5-8）。

（2）评价指标等级划分

通过对本次研究区地质环境影响因素、因子数据统计分析，确定因子最优最差两个极限值，按照各评价因子对地质环境影响程度，以阈限或递减规律取值来实现量化分。根据地质环境特征，将工作区地质环境质量分为4级，即好（Ⅰ）、较好（Ⅱ）、较差（Ⅲ）、差（Ⅳ）（表5-1）。

5.2.3 地质环境质量综合评价

由于地质环境质量的各影响因素的不确定性，影响程度的不确定性，难以采用经典数学模型进行评价。而模糊数学，则能很好地解决这个问题。应用模糊综合评判法，把众多的区域地质环境因素综合起来考虑，通过特定的函数关系，实现地质环境影响因素与地质环境优劣程度之间的过渡，克服了部分因素间相互重叠给权值分配带来的困难，从而获得最接近实际的评价结果。

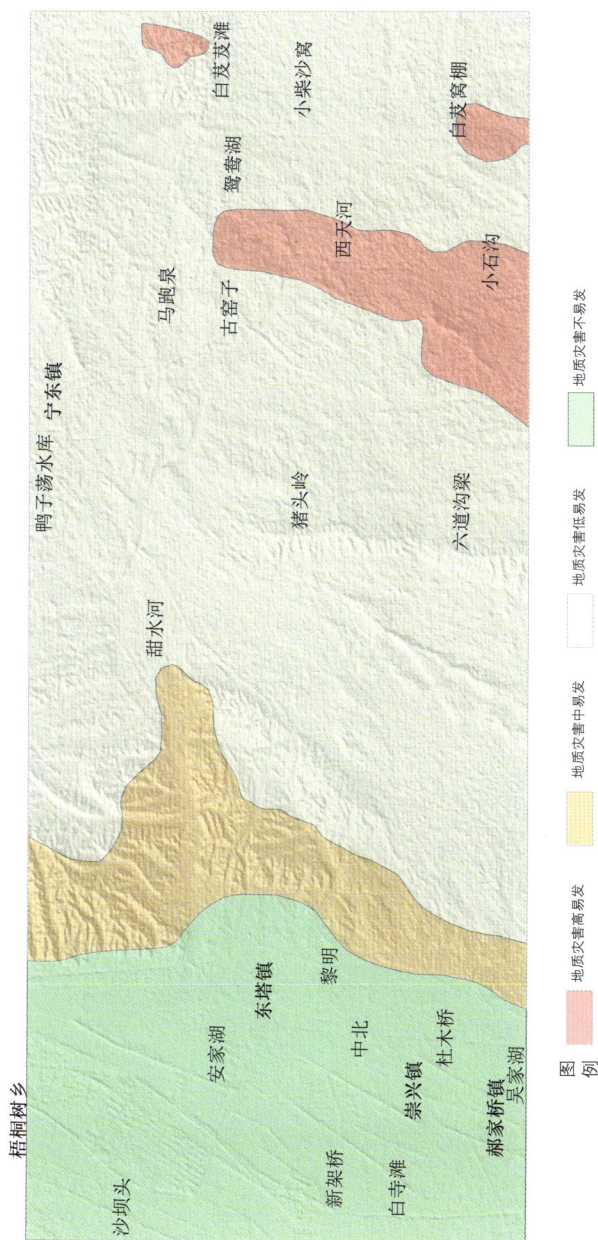

图5-8 地质灾害易发分区图

表 5–1　地质环境质量评价指标及等级划分

目标层	准则层	指标层	地质环境质量分级			
			I	II	III	IV
地质环境质量 A	内部环境 B1	地形地貌 C1	冲积平原、洪积平原	沙地	黄土丘陵	山地
		地下水质量 C2	< 1 g/L	1~3 g/L	3~5 g/L	> 5 g/L
		土壤环境质量 C3	一等	二等	三等	四等
		地质构造 C4	大于 1500 m	1 000~1500 m	500~1 000 m	小于 500 m
	外部环境 B2	植被发育 C5	大于 0.4	0.22~0.4	0.15~0.22	0~0.15
		人类活动 C6	大于 1 000 m	500~1 000 m	100~500 m	小于 100 m
	地质灾害发育特征 B3	地质灾害易发区 C7	不易发区	低易发区	中易发区	高易发

本次采用层次分析法（AHP）与模糊数学相结合的手段，对地质环境质量进行评价。

（1）因子权重的确定

指标体系确定后，进行指标权重的确定。目前确定权重的方法很多，比如专家打分法、序列综合法、调查统计法、数理统计法等。这些确定权重方法中，专家打分法较有代表性。在所有确定权重方法中，层次分析法被认为是一种较合理的方法，他是美国运筹学专家匹兹堡大学教授 T.L.Saaty 于20世纪70年代提出的层次排序法，原理有较严格的数学依据，它结合了专家打分法的优点，并采用适当的数学模型进行定量分析，完善了定性与定量的不足，较适合定性指标和定量指标并存的地质环境质量评价领域。

①层次分析法确定权重的步骤

构造判断矩阵：

评价因素集 P={p1，p2，…，pn}，pij 表示 pi 对 pj 的相对重要性数值（i，j=1，2，…，n），pij 按表5-2取值。

表 5-2　矩阵标度值及其含义

标准值	含义
1	表示因素 pi 与 pj 相比，具有同等重要性
3	表示因素 pi 与 pj 相比，pi 比 pj 稍微重要
5	表示因素 pi 与 pj 相比，pi 比 pj 明显重要
7	表示因素 pi 与 pj 相比，pi 比 pj 强烈重要
9	表示因素 pi 与 pj 相比，pi 比 pj 极端重要
2、4、6、8	上述两相邻标度值之间的中值，表示重要性判断之间的标度

由此得到判断矩阵 A：

$$A=\begin{bmatrix} P_{11} & P_{12} & ... & P_{1n} \\ P_{21} & P_{22} & ... & P_{2n} \\ P_{31} & P_{32} & ... & P_{3n} \\ P_{41} & P_{42} & ... & P_{4n} \end{bmatrix}$$

重要性排序：

判断矩阵按列归一化：$\overline{P_{ij}} = \dfrac{P_{ij}}{\sum_{k=1}^{n} P_{ij}}$ （i，j=1，2……，n）

将归一化后的判断矩阵按行列求和：

$$\overline{U_{ij}} = \sum_{j=1}^{n} \overline{P_{ij}} \, (i，j=1，2……，n)$$

对向量作归一化处理：

$$\text{特征向量 B} = (b_1，b_2……，b_n)^T$$

计算判断矩阵的最大特征根 λ_{max}：

$$\lambda_{max} = \frac{1}{n} \sum_{i=1}^{n} \frac{(AB)_i}{b_i}$$

判断矩阵一致性检验：

在构造判断矩阵时，有可能造成矩阵偏离一致性过大，导致指标权重不合理。因此，需要对判断矩阵进行一致性检验，公式如下：

$$CI = \frac{\lambda_{max} - n}{n-1}$$

$$CR = \frac{CI}{RI}$$

CI——矩阵的一致性指标；

λ_{max}——矩阵最大特征值；

n——矩阵阶数；

RI——矩阵的平均随机一致性指标（见表5-3）；

CR——矩阵随机一致性比率；

只有当 CR<0.1 时，判断矩阵才能满足一致性。

表5-3　层次分析法 RI 取值

n	1	2	3	4	5	6	7	8	9
RI	0	0	0.52	0.89	1.12	1.26	1.36	1.41	1.46

②权重计算

各指标因子的赋值（表5-4，表5-5，表5-6，表5-7），在 excel 中实现指标权重值的计算以及一致性检验，其过程如下：

表5-4　A-Bi 指标层权重

A	B1	B2	B3	权重 w	一致性检查
B1	1	3	3	0.5936	
B2	1/3	1	2	0.2493	λ_{max}=3.0536　CI=0.0268 RI=0.52　CR=0.0516　通过
B3	1/3	1/2	1	0.1571	

表5-5　B1-Ci 指标层权重

B1	C1	C2	C3	C4	权重 w	一致性检查
C1	1	3	2	2	0.4049	
C2	1/3	1	1/3	1/3	0.0954	
C3	1/2	3	1	3	0.3168	λ_{max}=4.2148　CI=0.0716 RI=0.89　CR=0.0805　通过
C4	1/2	3	1/3	1	0.1829	

表 5-6　B2-Ci 指标层权重

B2	C5	C6	权重 w	一致性检查
C5	1	3	0.75	$\lambda_{max}=2$　CI=0　RI=0
C6	1/3	1	0.25	CR=0　通过

表 5-7　各评价指标对目标层的权重

目标层	准则层	权值	指标层	同级权值	最终权值
地质环境质量 A	内部环境 B1	0.5936	地形地貌 C1	0.4049	0.2403
			地下水污染 C2	0.0954	0.0566
			土壤环境质量 C3	0.3168	0.1881
			地质构造 C4	0.1829	0.1086
	外部环境 B2	0.2493	植被发育 C5	0.75	0.187
			人类活动 C6	0.25	0.0623
	地质灾害发育特征 B3	0.1571	地质灾害易发区 C7	1	0.1571

（2）模糊数学综合评价

①评价模型

常用的综合评判函数有四种：

模型1：$\int(Z_1, Z_2, \cdots Z_n)=U^n_{j=1}(a_j \wedge z_j) a_j[0,1]$

模型2：$\int(Z_1, Z_2, \cdots Z_n)=U^n_{j=1}(b_j z_j) b_j[0,1]$

模型3：$\int(Z_1, Z_2, \cdots Z_n)=\sum^n_{j=1} c_j z_j c_j \geq 0$

模型4：$\int(Z_1, Z_2, \cdots Z_n)=U^n_{j=1} z_j^d d_j>0$

根据比较结合本次工作，本次评价选择模型3来进行模糊评判。

②评价步骤

建立评价指标对象的影响指标集合：

$$U=\{\mu_1\mu_2\cdots\mu_n\}$$

各元素 $\mu_i=$（$i=1$，2，$\cdots m$）代表各影响指标。

建立评价集：

$$v=\{\upsilon_1\upsilon_2\cdots\upsilon_n\}$$

各元素 $\upsilon_j=$（$j=1$，2，$\cdots n$）代表各种可能的评判结果。在报告中，评价集合选择四级：v={ 好（Ⅰ）、较好（Ⅱ）、较差（Ⅲ）、差（Ⅳ）}（表5-8）。

表5-8　模糊数学综合评判分级标准一览表

质量分级	好Ⅰ	较好Ⅱ	较差Ⅲ	差Ⅳ
评价标准	9	7	5	3

模糊综合评判法的基本原理如下：

设选定因素集 $X=\{x1，x2\cdots xm\}$

设评价集 $U=\{u1，u2\cdots um\}$

因素集和评价集之间的模糊关系用矩阵 R 来表示：

$$R=\begin{bmatrix} r_{11} & r_{12} & \dots & r_{1n} \\ r_{21} & r_{22} & \dots & r_{2n} \\ r_{31} & r_{32} & \dots & r_{3n} \\ r_{41} & r_{42} & \dots & r_{4n} \end{bmatrix}$$

一般 $0 < r_{ij} < 1$（$i=1$，2，3，…n；$j=1$，2，3，…，m）。r_{ij} 表示某个评价对象按第 i 个评价指标衡量对第 j 个评价等级的隶属度。

建立单因素 x_i 在总评价中所起作用大小的模糊子集，即权向量 A：

A=（a1，a2，…，am）（a1+a2+…+am=1）

由权向量与模糊矩阵进行合成，求评价集 B：

B=A·R

根据最大隶属度准则，取 MAX（b_j）所代表的评价等级为对应的评价分级。

评价因素根据其信息特点，可分为单项定量指标及多项定量指标。对于实数型定量指标，一般采用梯形隶属函数来确定评价因素对评价等级的隶属度；对于定性指标，则根据专家经验来确定。

定量指标的隶属度函数采用如下的梯形函数（假定梯形上下边差值的平均值为 b）：

$$J=1 \text{区 } R=\begin{cases} \dfrac{U_{ij}^{1}-x_i}{b} & x_i \leqslant U_{ij}-b \\ & U_{ij}-b < x_i < U_{ij} \\ 0 & x_i \geqslant U_{ij} \end{cases}$$

$$J=2\cdots n \text{ 区 } R=\begin{cases} \dfrac{x_i-(U_{i(j-1)}-b)}{b} & U_{i(j-1)}-b < x_i < U_{ij} \leqslant U_{i(j-1)} \\ 1 & U_{ij} < x_i < U_{i(j+1)}-b \\ \dfrac{(U_{i(j-1)}-x_i)}{b} & U_{i(j+1)}-b < x_i < U_{i(j+1)} \\ 0 & x_i < U_{i(j+1)}-b \text{ 或 } x_i \geqslant U_{i(j+1)} \end{cases}$$

$$J=n \text{ 区 } R=\begin{cases} \dfrac{U_{ij}^{1}-x_i}{b} & x_i \leqslant U_{ij}-b \\ & U_{ij}-b < x_i < U_{ij} \\ 0 & x_i \geqslant U_{ij} \end{cases}$$

U_{ij}——指某类（i）因素的分区阈值。

③地质环境质量综合评价结果

将模糊综合评判与 GIS 空间分析相结合进行地质环境质量综合分区。采用 ArcGIS 对研究区基础资料进行数字化处理。根据层次分析法确定的权重，运用 ArcGIS 空间分析将各个图层在空间上叠加，得出工作区环境地质质量分区图，见图5-9。

地质环境质量好区：

该区面积35.37 km²，位于研究区西南部冲湖积平原区，区内人类工程活动较强，土地质量多数为一等，有少量二等，岩土体结构稳定性好，植被覆盖率高，滑坡、崩塌、泥石流等地质灾害不发育。

地质环境质量较好区：

该区域面积163.35 km²，位于研究区西部冲湖积平原区，区内人类工程活动较强，土地质量多数为二等，部分地段为三等，地下水水质较好，岩土体结构稳定性好，植被覆盖率较高，滑坡、崩塌、泥石流等地质灾害不发育。

地质环境质量较差区：

该区域面积534.51 km²，位于研究区中部的沙地及黄土丘陵区，区内人类工程活动较少，植被覆盖率较低，地质构造运动剧烈，地形较陡，岩体节理发育，风化强烈，堆积层土层松散，滑坡、崩塌等地质灾害易发育。

地质环境质量差区：

该区域面积78.63 km²，位于研究区东南部，区内断裂构造发育，岩土体以松散碎屑岩为主，岩土体工程稳定性差，且区内有数个煤矿企业正在运营，其开采方式为井工开采，目前已有4处地面塌陷及若干的地裂缝发育，地质灾害危险性大。

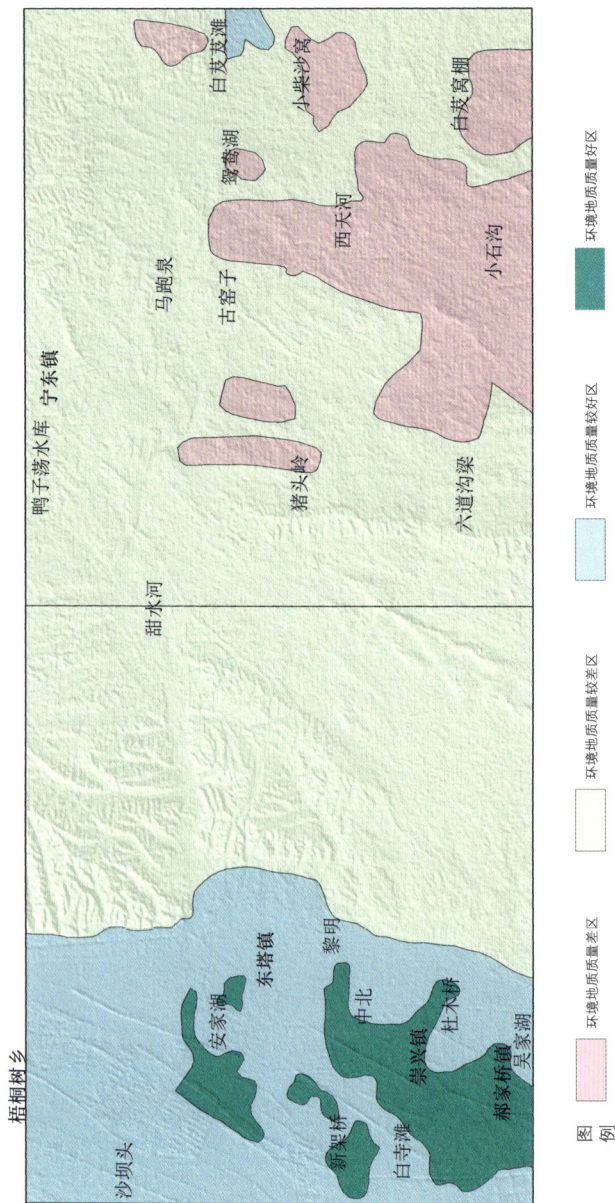

图5-9　环境地质质量分区图

图
例

环境地质质量差区　　环境地质质量较差区　　环境地质质量较好区　　环境地质质量好区

梧桐树乡

沙坝头

安家湖

东塔镇

黎明

新渠梢

中北

白寺滩

崇兴镇

杜木桥

祁家桥镇

吴家湖

甜水河

鸭子荡水库　宁东镇

马跑泉

古窑子

猪头岭

六道沟梁

骆驼湖

西天河

小石沟

白芨滩

小柴窝

白芨窝棚

第6章 结论与建议

6.1 结论

本次对研究区内地质灾害进行了遥感解译以及实地调查核查工作，通过调查得出，研究区内主要的地质灾害为泥石流、地面塌陷、地裂缝。发育的泥石流沟有一条，名为小水水子沟，泥石流的规模较大，致灾对象为东塔村，其危害较大，危险性较大。地面塌陷主要分布在采矿活动范围之内，是因地下采矿活动形成采空区，从而引发的地面塌陷，其地面塌陷范围内人类工程活动较弱，因此，地面塌陷的致灾对象较少，且危害较小，故而危险性较小。地裂缝的分布较为规律，均分布在地面塌陷的范围之内，地裂缝的致灾对象为厂区内的简易道路，危害较小，危险性较小。

对研究区内的土壤进行了采样检测（除白芨滩自然保护区外），对表层、1m深、2m深分别进行采样检测，对不同深度，不同养分元素、营养元素及微量元素进行等级分区，且对土壤氮、磷、钾、钙、镁养分元素、土壤铁、锰、锌、铜、硼、钼微量元素、土壤硒、碘、氟微量营养元素进行了样品数量正态分布分析，对上述元素进行了相关性的分析。对重金属元素砷、镉、铬、铅、镍、汞进行了特征分析。通过对上述元素的检测数据分析，得出研究区内的土壤养分地球化学特征等级划分为四个等级，即二级、三级、四级、五级；土壤环境地球化学特征分为一个等级，即清洁；通过土壤养分地球化学特征与土壤环境地球化学特征综合划分，得出土壤质量地球化学综合等级，分为四级，即一级、二级、三级、四级。

将研究区内的地下水质量按照综合指数法和标准指数分别进行了评价。综合指数法：氯化物（Cl^-）、硫酸盐（SO_4^{2-}）、钠（Na^+）、溶解性总固体、总硬度、pH值共6项指标，除pH评分为7.12，小于7.2属较差外，其余5项指标评分均大于7.2，评价为极差。标准指数法：氯化物（Cl^-）、硫酸盐（SO_4^{2-}）、钠（Na^+）、溶解性总固体、总硬度、pH值共6项指标，按照《地下水质量标准》三类水标准评价，均有超标。其中氯化物（Cl^-）、硫酸盐（SO_4^{2-}）、钠（Na^+）、溶解性总固体、总硬度5项指标超标率达50%以上。

最后，结合研究区内地质环境背景特点及调查统计分析情况，将本次地质环境质量评价指标体系分为两级：一级评价指标3个，即内部环境条件、外部环境条件、地质灾害发育特征。二级评价指标7个，即地貌类型、地下水污染分布、土壤质量、地质构造、植被发育情况、人类工程活动、地质灾害易发区。

本次采用层次分析法（AHP）与模糊数学相结合的手段，对地质环境质量进行评价。将研究区的环境地质质量进行了分区，分为地质环境质量好区，面积为35.37 km²，地质环境质量较好区，面积163.35 km²，地质环境质量较差区，面积534.51 km²，地质环境质量差区，面积78.63 km²。

6.2 建议

宁东矿区开采诱发地面塌陷及地裂缝等地质环境问题，本次对范围内的塌陷区及地裂缝的数量、特征及分布范围进行了详细的调查统计，但该项工作对地面塌陷及地裂缝对地质环境影响的研究较少。建议开展长期监测及深入研究，服务宁夏经济发展。

白芨滩自然保护区作为国家级自然保护区，受到各方重视，流经白芨滩自然保护区的长流水沟谷仅为大河子沟，沟谷水流除地下水的排泄外，大部分为矿区排水。通过水质检测发现，矿区排水矿化度高水质差，在流经区域对植被、生态的影响未作长期监测和深入研究，建议进行专项监测工作，切实服务于宁夏"生态立区"战略。

白芨滩自然保护区内目前禁止人类活动，区内无法开展工作，建议开展专项生态地质调查，保护生态。

参考文献

[1] 宁夏回族自治区地质调查院.中国区域地质志：宁夏志.北京：地质出版社，2017.

[2] 柴炽章，孟广魁，马贵仁，等.银川市活动断层探测与地震危险性评价.北京：科学出版社，2011.

[3] 宁夏地质矿产局区域地质调查队.20万银川市区域地质调查报告，1983.

[4] 黄涛，雷玉平，郑力，等.山前平原地下水侧向补给潜力空间变异模拟[J].水资源保护，2006，22（4）：16-19.

[5] 周仰效，李文鹏.区域地下水模拟[J].水文地质工程地质，2009，36（1）：1-10.

[6] 吴庆华，王贵玲，蔺文静，等.太行山山前平原地下水补给规律分析以河北栾城为例[J].地质科技情报，2012，31（2）.

[7] 陈旭光，陈德斌，卞予萍，等.天山北麓中段山区地下水对山前平原区侧向补给的探讨[J].新疆地质，2003，21（3）：369-370.

[8] 马金珠，李相虎，黄天明，等.石羊河流域水化学演化与地下水补给特征[J].资源科学，2005，27（3P）：117-122.

[9] 陈梦能.地下水资源与地下水系统研究 [J].长春地质学院学报，1984，17：51-55.

[10] 王文科，王雁林，段磊，等.关中盆地地下水环境演化与可再生维持途径 [M].郑州：黄河水利出版社，2006.

[11] 王讳.鄂尔多斯白垩系地下水盆地地下水资源可持续性研究.西安：长安大学，2005.

[12] 王晓娟.银川平原地下水化学成分演化规律及其形成机制研究.西安：长安大学，2005.

[13] 于艳青.基于同位素技术的银川平原地下水补给与更新性研究.北京：中国地质大学，2005.

[14] 蔡利飘，周娟.银川盆地断裂体系发育特征及其对盆地的控制作用 [J].油气地球物理，2018，16（2）：53-59.

[15] 李清河，郭守年，吕德徽.鄂尔多斯西缘与西南部结构与构造 [M].北京：地震出版社，1999.

[16] 雷启云，等.1739年平罗8级地震发震构造.地震地质，2015（02）：413—17.

[17] 王思敬.中国城市发展中的地质环境问题.第四纪研究，1996（02）：115-122.

[18] 戴福初，张晓晖，李军，等.地理信息系统GIS支持下的城市地质环境评价.工程地质学报，2000（04）：43-49.

[19] 吴恒.城市用地的影响因素分析及其评价系统.地理研究，1995（04）：69-77.

[20] 肖和平.城市地质灾害及对策.灾害学，2000（02）39-43.

[21]张宇，张明军，王圣杰，等.基于稳定氧同位素确定植物水分来源不同方法的比较[J].生态学杂志，2020，39（04）：1356-1368.

[22]张永庭，魏采用，徐友宁，等.基于遥感技术的宁东煤炭基地土地利用变化及驱动力分析[J].地质通报，2018，37（12）：2169-2175.

[23]乔冈，徐友宁，陈华清，等.宁东煤矿区地裂缝对植被生态环境的影响[J].地质通报，2018，37（12）：2176-2183.

[24]杜灵通，徐友宁，宫菲，等.宁东煤炭基地植被生态特征及矿业开发对其的影响[J].地质通报，2018，37（12）：2215-2223.

[25]范磊，赵振宏，王旭升，等.宁东能源化工基地水资源优化配置研究[J].水资源与水工程学报，2018，29（04）：41-46.

[26]马雄德，范立民，严戈，等.植被对矿区地下水位变化响应研究[J].煤炭学报，2017，42（01）：44-49.

[27]冯洁，侯恩科，王苏健.宁东煤炭基地煤炭开采对地下水的影响预测[J].地质通报，2018，37（12）：2184-2191.

[28]冯洁.宁东煤炭资源开采对地下水的影响研究[D].西安科技大学，2012.